de Gruyter Lehrbuch

Schulz · Höhere PL/1-Programmierung

Arno Schulz

Höhere PL/1-Programmierung

Walter de Gruyter · Berlin · New York 1976

Dr.-Ing. Arno Schulz
o. Universitätsprofessor, Institut für Statistik und Informatik der Johannes Kepler Universität Linz

CIP-Kurztitelaufnahme der Deutschen Bibliothek

Schulz, Arno

Höhere PL/1-Programmierung [PL-eins-Programmierung]. – 1. Aufl. – Berlin, New York: de Gruyter, 1976.

(De-Gruyter-Lehrbuch)
ISBN 3-11-004862-0

 – Satz: IBM Composer, Fotosatz Prill, Berlin. – Druck: Color-Druck, Berlin Bindearbeiten: Dieter Mikolai, Berlin. – Printed in Germany

Vorwort

Konventionelle höhere Programmiersprachen, deren typische Repräsentanten ALGOL, COBOL und FORTRAN sind, waren für bestimmte, fest umrissene Anwendungsgebiete elektronischer Datenverarbeitungsanlagen ausgelegt. Um nur die beiden herkömmlichen Schwerpunkte zu nennen, sollen hier der kaufmännische Einsatz und die technisch-wissenschaftliche Datenverarbeitung angeführt werden. Demgegenüber haben die Spracharchitekten von PL/1 versucht, eine universelle Programmiersprache zu konzipieren, die in ihrem Sprachumfang weit über die genannten konventionellen Sprachen hinausgeht. Als typische Beispiele für diese Eigenschaft seien nur das Konzept der simultanen Verarbeitung von Programmteilen („Multitasking") genannt, das für die aufkommenden Mehrprozessorsysteme relevant ist, die Listenverarbeitung, die bisher durch eigene Programmiersprachen wie LISP und SLIP abgedeckt wurde, und die Verarbeitung von Bitketten, wodurch die funktionellen Eigenschaften von Datenverarbeitungssystemen bis hinunter zur Mikroprogrammebene simuliert werden können [3, S. 227–235; 2, S. 220–228].

Wegen dieser Universalität der Ausdrucksmittel von PL/1 ist es aus didaktischen Gründen sinnvoll, zwischen einer elementaren Sprachmenge, die sich im großen und ganzen mit dem Sprachumfang der oben genannten klassischen Programmiersprachen ALGOL, COBOL und FORTRAN deckt und einem nichtelementaren Sprachteil zu differenzieren. Während die elementare Sprachmenge von PL/1 zusammen mit einer einfachen formalen Syntaxbeschreibung bereits früher gebracht wurde [24], enthält dieser Band die noch ausstehenden Sprachmodule. Um dem Attribut einer „höheren" Programmierung zu entsprechen, werden wir uns hierbei nicht nur auf die formale Darstellung höherer Sprachelemente zusammen mit der hierfür angebotenen genormten Syntaxnotation beschränken, sondern auch eine Einführung in höhere Programmiertechniken, wie das strukturierte Programmieren, geben.

Zu Dank verpflichtet bin ich meiner langjährigen Sekretärin, Fräulein Ulrike Scheller, für die sorgfältige Übertragung des Manuskriptes vom Tonband in Reinschrift und dem Verlag Walter de Gruyter für die vorbildliche Gestaltung dieses Buches.

Im Februar 1976 *Arno Schulz*

Inhaltsverzeichnis

1. Einführung in die formale Sprachsyntax der höheren Programmiersprache PL/1*

1.1 Das Konzept der Syntaxstufen

Dieses Buch geht davon aus, daß Grundkenntnisse der problemorientierten Programmiersprache PL/1 vorhanden sind. Um aber sicherzustellen, daß bei allen Lesern eine einheitliche Ausgangsbasis für diese Darstellung besteht, werden einleitend die wichtigsten Teile der Syntax von PL/1, wie wir sie in [24] eingehend dargestellt und erläutert haben**, stark zusammengefaßt wiederholt und im Blick auf eine höhere Programmierung auch an einigen Stellen erweitert.

Programmieren in einer höheren Programmiersprache*** setzt voraus, daß eine formale Sprache, bestehend aus einem Satz von Sprachelementen (Zeichen eines vorgegebenen endlichen Zeichenvorrats), vorliegt. Dazu gehört eine Vorschrift, wie ein Programmierer sie zu notieren hat, damit das Ergebnis seiner Arbeit ein korrektes Programm ist; denn wie in einer natürlichen Sprache sind im allgemeinen nicht sämtliche Zeichenketten, die durch Variationen der Zeichen des Zeichenvorrats entstehen, Elemente der formalen Sprache. Eine solche Vorschrift, die aus einer endlichen Menge von Programmierregeln besteht, heißt Grammatik oder Sprachsyntax. Es ist denkbar und es war am Anfang der Software-Entwicklung auch üblich, eine solche Syntax verbal darzustellen (typisches Beispiel: FORTRAN). Um aber Eindeutigkeit und Widerspruchsfreiheit in der Anwendung und der Auslegung einer Programmiersprache zu erzielen, benötigt man ein formales System, das es gestattet zu entscheiden, ob Programmteile (Wörter und Sätze) den vorgegebenen grammatikalischen Regeln entsprechen. Zum klassischen Beispiel einer formalen Sprachdefinition ist die höhere Programmiersprache ALGOL 60 geworden, bei der ein großer Teil der Syntax mit Hilfe der von Backus vorgeschlagenen Notation – auch Backus-Nauer-Form, kurz BNF-Form genannt, – festgelegt wurde. Auf diese formale Methode haben auch die „Sprach-architekten" von PL/1 zurückgegriffen. Allerdings wurden zusätzlich Hilfsmittel aus dem COBOL-Repertoire, wie die geschweiften Klammern, benutzt. Trotzdem sind in der ursprünglichen Sprachdefinition von PL/1 viele Regeln nur verbal festgelegt worden [17], weil sie anders nicht ausdrückbar waren. Da beim Entwurf

* Schwerpunkt: F-Compiler
** im folgenden häufig nur noch als „Einführung" zitiert
*** nach [18, S. 5] eine Programmiersprache, die nicht die Struktur einer Datenverarbeitungsanlage reflektiert

von Kompilierern diese Form der Sprachdefinition Mehrdeutigkeiten nicht ausschließt, wurde nachträglich vom Wiener IBM-Laboratorium eine formale Definition von PL/1 vorgenommen. Sie ist als „Wiener Definitionssprache" in die Literatur eingegangen [27, S. 5–63]. Sie beschreibt die Struktur abstrakter Objekte mit Hilfe spezieller Bäume, deren Kanten Namen tragen.

Bereits kurz nach Erscheinen von PL/1, nämlich im Januar 1965, begannen bei der ECMA Versuche, die Syntax dieser Sprache zu normen. Dabei zeigte sich wieder, daß eine möglichst formale Methode der Sprachdefinition gebraucht wird, um zu konsistenten Aussagen zu kommen. Der jetzt vorliegende Normentwurf [12] enthält ein solch vollständig formales System. Es unterscheidet sich von der ursprünglichen Sprachdefinition vor allem auch darin, daß zwei verschiedene Syntaxformen in Gestalt der *konkreten* und der *abstrakten* Syntax eingeführt werden. Bevor wir näher darauf eingehen, wollen wir zunächst die verschiedenen Aufgaben, die eine Sprachsyntax übernehmen muß, diskutieren; denn die Methoden, auf die ein Informatiker, der eine Sprachsyntax definieren soll, zurückgreifen kann, hängen im Grunde genommen vom Zweck ab, dem eine solche Syntaxnotation dient. Zwei verschiedene Blickrichtungen sind zu erkennen. So ist der *Benutzer* einer problemorientierten Programmiersprache, wie beispielsweise ein Wirtschaftsinformatiker, vor allem daran interessiert, daß ihn die Sprachsyntax in die ihm zur Verfügung stehenden Sprachsequenzen in einfacher und handlicher, trotzdem aber eindeutiger Form einführt. Im allgemeinen beschäftigt er sich nicht mit den mathematischen Theorien von Programmiersprachen, Übersetzern und formalen Grammatiken, so daß man bei ihm keine speziellen Kenntnisse dieser Gebiete voraussetzen kann. Auch bringt er in der Regel wenig Verständnis dafür auf, wenn er sich mit Notationen, die von dorther begründet sind, abplagen muß. Die beiden Forderungen nach Benutzerfreundlichkeit und Eindeutigkeit sind für eine komplexe Programmiersprache, wie PL/1, teilweise widersprüchlich. Man erkennt dies leicht, wenn man Sprachdefinitionen, wie wir sie in der „Einführung" gebracht haben und die von den Bedürfnissen der Anwender ausgingen, mit der hier vorgelegten formalen Beschreibung vergleicht. Ganz anders sind die Forderungen, die ein *Softwarespezialist,* der einen Übersetzer für eine problemorientierte Programmiersprache entwickeln soll, an eine Darstellung der Sprachsyntax stellt. Er erwartet, daß sie die Produktionsregeln, die dem Übersetzungsprozeß zugrunde liegen, eindeutig beschreibt. Dabei muß es auch möglich sein, durch Anwendung der formalen Syntax zu prüfen, ob ein Programm syntaktisch richtig ist (Syntaxanalyse). Zwei Fragen stehen hierbei im Vordergrund [22]: (1) Ist die Zeichenkette, die ein Programmierer notiert hat, ein Satz, den die Programmiersprache zuläßt? (2) Wird diese Frage bejaht, dann ist die Struktur dieses Satzes zu finden.

Die Methoden der formalen Syntaxnotation sind also sowohl Erkenntnisobjekt der Kerninformatik als auch anwendungsorientierter Informatiken, wobei im zweiten Fall dieser Gegenstand nur ein Hilfsmittel ist, um das Programmieren in einer problemorientierten Programmiersprache zu erlernen. Dieser Entwicklung kommt die Differenzierung in eine konkrete und eine abstrakte Syntax entgegen. Mit der *konkreten* Form der Sprachsyntax arbeitet primär der Programmierer (s. Abb. 1-1). Sie beschreibt formal und hierarchisch gegliedert die Struktur eines PL/1-Programmes, wobei sie beim Begriff der Prozedur beginnt und bei

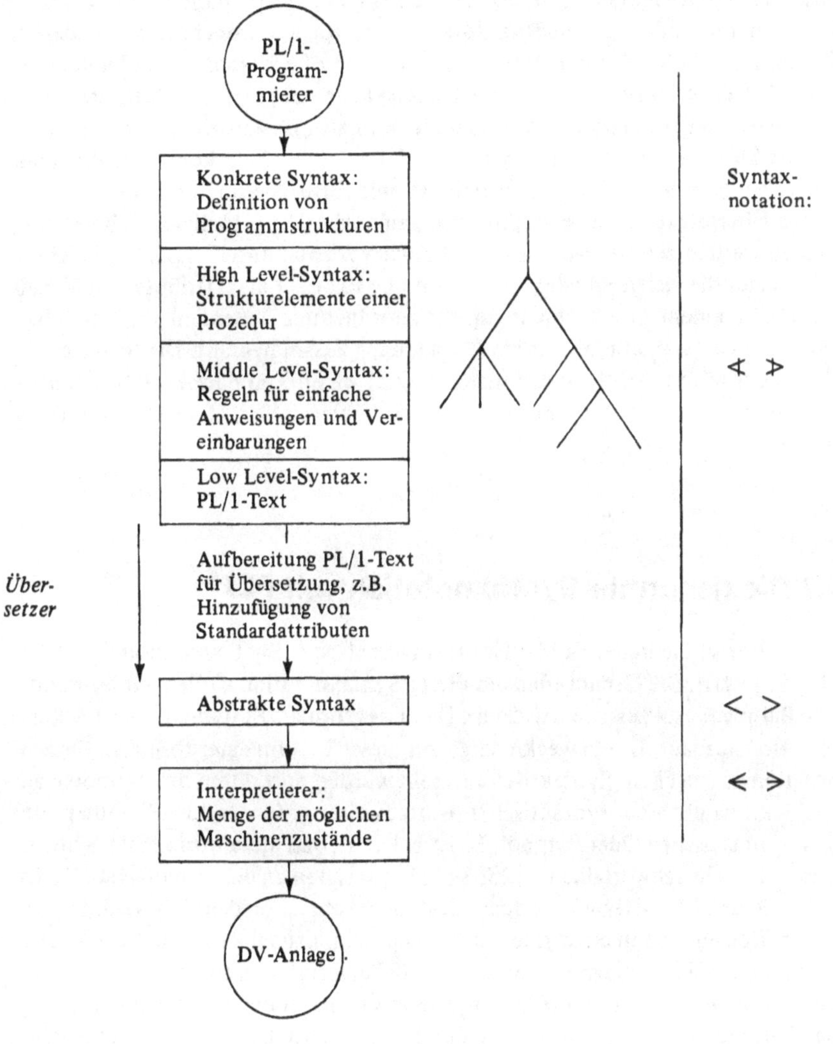

Abb. 1-1. Syntaxarten in PL/1

den Zeichenketten, mit denen ein Programmierer Programme niederschreibt, endet. Wie Abb. 1-1 zeigt, spaltet sich weiterhin die konkrete Syntax in drei Sprachniveaus auf, die als High, Middle und Low Level-Syntax bezeichnet werden. Die Funktion dieser drei Sprachstufen haben wir in dieser Abbildung stichwortartig angegeben. Mit der schematischen Darstellung eines Baums neben den Syntaxstufen wollen wir andeuten, daß jede Art der formalen Syntaxnotation in Form von Bäumen erfolgt, die generell zu einem Ausdrucksmittel syntaktischer Strukturen geworden sind. Jedes Sprachniveau, nämlich die konkrete und die abstrakte Sprachsyntax, sowie die Ebene der Maschinenzustände werden mit Hilfe einer modifizierten Backus-Notation beschrieben, wobei die verwendeten Klammersymbole andeuten, um welche dieser Syntaxklassen es sich handelt. So sind die Definitionen der konkreten Syntaxebene mit senkrecht durchstrichenen Backus-Klammern markiert, während die normalen Backus-Klammern die abstrakte Sprachebene andeuten. Wie Abb. 1-1 zeigt, wird ein konkretes Programm, wie es ein Programmierer geschrieben hat, mit Hilfe eines in der Norm beschriebenen Übersetzers in ein abstraktes Programm überführt. In diesem Übersetzungsprozeß werden beispielsweise aus impliziten Vereinbarungen explizite, indem der Übersetzer die vielen Standardannahmen, die PL/1 für die Attribute von Variablen zuläßt, einem Arbeitsobjekt explizit zuordnet und außerdem alle Vereinbarungen eines Programmblocks am Blockanfang zusammenfaßt. Die formale Sprachdefinition verfolgt dabei nicht das Ziel, einen Kompilierer zu normen. Die drei Sprachniveaus der konkreten Syntax spiegeln drei Übersetzungsphasen wieder.

1.2 Die genormte Syntaxnotation von PL/1

Tab. 1-1 zeigt die in der ECMA-Norm vorgeschlagene Syntaxnotation für PL/1 [12, S. 11 ff.]. Die Grundgedanken dieser Syntaxnotation wollen wir an Hand von Beispielen sukzessiv entwickeln. Da dieses formale System auf der Backus-Notation aufbaut, ist es zweckmäßig, von dieser Urform einer formalen Sprachnotation auszugehen. Syntaktische Regeln wurden dort durch drei Symbole ausgedrückt, nämlich der syntaktischen Wertzuweisung, den Backus-Klammern und dem syntaktischen Oder-Symbol. Es ist bekannt, daß diese Form einer Syntaxnotation recht schwerfällig ist [25, S. 31], was schon an einem einfachen Sachverhalt, wie den PL/1-Regeln für duale Festpunktkonstante, deutlich wird. Sie besagen in Worten, daß in einer solchen Konstanten maximal 31 Dualziffern erlaubt sind und daß der Programmierer an jeder beliebigen Stelle einen dualen Radixpunkt notieren darf. Um anzugeben, daß es sich nicht um eine Dezimalzahl handelt, muß eine duale Konstante durch den Buchstaben „B" beendet werden. Fernerhin müssen alle Dualziffern ohne Zwischenraum notiert sein.

metalinguistisches Zeichen	Bedeutung
::=	Zuweisung eines syntaktischen Ausdrucks (metalinguistische Aussage) zu einer syntaktischen Variablen (Kategorie)
≮ abc ≯	syntaktische Einheit in Form der syntaktischen Variablen (konkrete Sprachebene)
PL/1-Zeichen	sytaktische Einheit in Form der syntaktischen Konstanten
|	Wahlmöglichkeit zwischen mehreren syntaktischen Einheiten, die einen syntaktischen Ausdruck bilden
{ }	1. syntaktischer Ausdruck von disjunktiv verknüpften Einheiten 2. Zusammenfassung von syntaktischen Einheiten zu einem Ausdruck, um Wiederholungsmöglichkeiten leichter als in [24, S. 24] ausdrücken zu können.
.	Permutationsmöglichkeiten von syntaktischen Einheiten in einem syntaktischen Ausdruck
[ ]	von der Syntax her nicht verlangter syntaktischer Ausdruck oder Einheit
...	einmalige oder mehrmalige Wiederholung des unmittelbar davor angegebenen syntaktischen Ausdrucks

Tab. 1-1. Symbole der Syntaxnotation [12, S. 11 ff.]

Beispiele:

1011.01B
.1B
1B
1.B

Falls ein Vorzeichen mit einer Konstanten verbunden ist, sieht es die Sprachsyntax nicht als Bestandteil der Konstanten, sondern interpretiert es als Präfixoperator. Diese Regeln wollen wir nun mit der reinen Backus-Notation formal ausdrücken. Dabei soll die Ebene der konkreten Sprachsyntax unterstellt werden. Wir gehen von folgender syntaktischer Beziehung aus:

<binärzeichen> ::= 0 | 1

Alle erlaubten Notationsvarianten müssen nun explizit angegeben werden, so daß die formale Definition folgendermaßen beginnen würde:

<duale festpunktkonstante> ::= <binärzeichen> B |
<binärzeichen> <binärzeichen> B | <binärzeichen>
<binärzeichen> <binärzeichen> B |

In gleicher Weise müßten jetzt noch weitere 28 Regeln niedergeschrieben werden, die alle durch das Oder-Symbol verknüpft sind und besagen, daß eine duale Festpunktkonstante maximal 31 Binärzeichen lang sein darf. Fernerhin fehlen noch alle Notationsvarianten, die einen Radixpunkt enthalten, wie:

<binärzeichen> B | . <binärzeichen> <binärzeichen> B |
oder
<binärzeichen> <binärzeichen> . <binärzeichen> <binärzeichen> B |

Es ist naheliegend, wie in der Umgangssprache als Wiederholungssymbol drei Punkte einzuführen. Damit ergibt sich folgende abgekürzte Definitionsweise, die schon praktikabler ist:

<duale festpunktkonstante> ::= <binärzeichen> ... B |
<binärzeichen> ... <radixpunkt> B |
<binärzeichen> ... <radixpunkt> <binärzeichen> ... B |
<radixpunkt> <binärzeichen> ... B

Damit der Radixpunkt nicht mit dem Wiederholungssymbol verwechselt wird, haben wir hier eine zusätzliche Definition eingeführt:

<radixpunkt> ::= .

Diese formale Definition kommt allerdings auch noch nicht ohne einen verbalen Zusatz aus, der besagt, daß die maximale Länge einer dualen Festpunktkonstanten 31 Binärzeichen beträgt. Seegmüller hat deshalb vorgeschlagen, durch einen hochgestellten Index anzugeben, wie häufig eine syntaktische Einheit in einem syntaktischen Ausdruck auftreten darf [25, S. 31]. Diese Form der Notation hat sich allerdings nicht durchsetzen können, so daß man bei dieser Schreibweise ohne einen verbalen Zusatz nicht auskommt. Weiterhin fällt auf, daß nach wie vor eine solche Definition recht lang ausfällt. Durch Einführung der eckigen Klammern läßt sich diese Notationsmethode weiter vereinfachen:

<duale festpunktkonstante> ::=
<binärzeichen> ... [. [<binärzeichen> ...]] B | . <binärzeichen> ... B

Auch hier ist wieder die maximale Anzahl der Binärzeichen, die eine Konstante bilden, verbal anzugeben. In diesem Beispiel gab es keine Notwendigkeit, die geschweiften Klammern zu benutzen. Wir wollen dafür als Beispiel ein anderes Sprachelement der Syntax von PL/1 heranziehen. Es soll der Wortbegriff, der zur Ebene der Low Level-Syntax innerhalb der konkreten Sprachsyntax gehört, formal definiert werden. Worte sind in PL/1 Bezeichner von Arbeitsobjekten. Wie in [24, S. 23, 29] ausgeführt, sind für die Bildung von Worten nicht sämtliche Zeichen des PL/1-Zeichenvorrats zugelassen. So muß ein Wort immer mit einem Buchstabenzeichen beginnen. Die nachfolgenden Zeichen dürfen Elemente aus den Teilmengen Buchstabenzeichen, Dezimalziffern oder Unterstreichung sein.

Beispiel:

$ENDSUMME_5

Unter Zugrundelegung der Definition der Teilmengen „Buchstabenzeichen" und „Dezimalziffern" nach [24, S. 22] können wir damit den Wortbegriff wie folgt rekursiv definieren:

<wort> ::= <buchstabenzeichen> |
<wort> {<buchstabenzeichen> | <dezimalziffer> |_}

Dieses Beispiel benutzt die geschweiften Klammern, um Variationsmöglichkeiten auszudrücken. Es ist identisch mit der typographisch schwerfälligeren Notation der Einführung:

$$\left\{\begin{array}{l}\langle\text{buchstabenzeichen}\rangle\\ \langle\text{dezimalziffer}\rangle\\ \quad\_\end{array}\right\}$$

Eine weitere Anwendung der geschweiften Klammern ist die syntaktische Notation von Permutationen zusammen mit dem Permutationssymbol. Als Beispiel verweisen wir auf die formale Definition der GET-Anweisung im Kapitel 1.5 (A 12). Sie besagt, daß der Programmierer verschiedene Zusätze dieser Anweisung, wie beispielsweise den SKIP- oder den COPY-Zusatz, in beliebiger Reihenfolge notieren darf. Damit werden wiederum verbale Hinweise durch eine formale Definition ersetzt. Schließlich verfügt die genormte Syntaxnotation über eine weitere Art, Wiederholungen auszudrücken, nämlich das Metawort „list" [12, S. 7]. So sind beispielsweise folgende beide Notationen gleichbedeutend:

<prozedurlist> ::= <prozedur> ...

1.3 Kurze Darstellung der konkreten Syntax*

1.3.1 Die High Level-Syntax

Es ist natürlich im Rahmen dieser Darstellung nicht möglich, die gesamte konkrete Syntax darzustellen. Wir beschränken uns deshalb auf die High Level-Syntax, um noch einmal die Struktur von PL/1-Programmen herauszuarbeiten. Für die Middle und Low Level-Syntax werden wir nur exemplarische Beispiele bringen. Während die Kompilierung eines Programmes bottom up erfolgt, d.h. ausgehend von Zeichenketten, die ein Programmierer niedergeschrieben hat, sukzessiv ein Maschinenprogramm generiert wird, beginnt die Definition einer höheren Programmiersprache auf der Ebene des Programms. Für PL/1 bedeutet dies, daß der Programmbegriff sich abstützt auf den Prozedurbegriff, indem ein Programm als eine nicht leere Menge von Prozeduren definiert wird, die intern geschachtelt (interne Prozeduren) oder extern gebunden sind (externe Prozeduren).

Beispiel:

```
PRO: PROCEDURE OPTIONS (MAIN);
     DECLARE A BIN FIXED (5,2),    )  Vereinbarung, Anweisung
     _ _ _ _ _ _ _ _ _ _ _ _ _ _   }  1. externe Prozedur
     _ _ _ _ _ _ _ _ _ _ _ _ _ _   )  (Hauptprozedur)
     CALL X;
     CALL Y;

     _ _ _ _ _ _ _ _ _ _ _ _ _ _

  X: PROCEDURE;                          )
     DECLARE B(10,5,3) DEC FLOAT (5),    )
     _ _ _ _ _ _ _ _ _ _ _ _ _ _ _ _ _   }  intern geschachtelte
     _ _ _ _ _ _ _ _ _ _ _ _ _ _ _ _ _   }  Prozedur
     END X;                              )

     _ _ _ _ _ _ _ _ _ _ _ _ _ _ _ _ _   )  Hauptprozedur
     _ _ _ _ _ _ _ _ _ _ _ _ _ _ _ _ _   )
     END PRO;                               Ende Hauptprozedur
  Y: PROCEDURE;
     _ _ _ _ _ _ _ _ _ _ _ _ _ _ _ _ _   )  2. externe Prozedur, durch
     _ _ _ _ _ _ _ _ _ _ _ _ _ _ _ _ _   }  Betriebssystem mit Haupt-
     END Y;                              )  prozedur gebunden.
```

* unter Berücksichtigung der von IBM implementierten Sprachversion

Damit ergibt sich folgende formale Definition des Programmbegriffs in PL/1 [24, S. 151]:

<programm> ::= <prozedur> ...

Der Prozedurbegriff ist wie folgt formal definiert [24, S. 27]:

<prozedur> ::= <präfixlist>
<prozedurvereinbarung> [<prozedurkörper>] ...
<endanweisung>

Eine Prozedur ist nach dieser Definition eine Folge von Anweisungen, die der Übersetzer gemeinsam kompiliert. Sie bilden in PL/1 einen Block. Bis auf die Hauptprozedur, die das Betriebssystem automatisch als erste Prozedur eines Programms aufruft, werden alle Prozeduren durch Nennung ihres Namens (Markenpräfix) in einer CALL-Anweisung aktiviert. Dabei können mit einer Prozedur sowohl mehrere Marken als auch Bedingungspräfixe verbunden sein. Die Prozedurvereinbarung definiert den Programmbaustein Prozedur und ist, wie das letzte Beispiel noch einmal in Erinnerung zurückruft, durch das Schlüsselwort PROCEDURE gekennzeichnet. Aus obiger Definition folgt auch, daß im einfachsten Fall, der keine praktische Bedeutung hat, unmittelbar nach der Prozedurvereinbarung die END-Anweisung, die eine Prozedur abschließt, notiert werden darf. Der eigentliche Kern einer Prozedur faßt alle in der Programmiersprache PL/1 zugelassenen Vereinbarungen und Anweisungen, die innerhalb einer Prozedur auftreten, zu einer syntaktischen Einheit zusammen. Es gilt für ihn die formale Definition:

<prozedurkörper> ::= [<markenpräfixlist>] {<vereinbarung> | <defaultvereinbarung>* } | <entryvereinbarung> | [<bedingungspräfixlist>] <markenpräfixlist> <formatvereinbarung> | <prozedur> | <ausführbarer prozedurteil>

Diese Definition legt auch mit dem Sprachelement <prozedur> die *interne* Prozedur fest, die geschachtelt in einer externen Prozedur notiert wird [24, S. 168]. Der Prozedurkörper besteht außerdem aus zwei weiteren Klassen von Sprachelementen, nämlich den Vereinbarungen und den Anweisungen, wobei letztere das Syntaxelement <ausführbarer prozedurteil> konstituieren. Zur High Level-Syn-

* nur im Checkout- und Optimizing-Compiler zugelassen

tax gehört auch noch die Definition dieses formalen Sprachelements. Vereinbarungen und Anweisungen löst erst die Middle Level-Syntax weiter auf. Es gilt:

<ausführbarer prozedurteil> ::= [<präfixlist>] {<gruppe> |
<on anweisung> | <if anweisung> | <einfache ausführbare anweisung >} |
<beginblock>

> <if anweisung> ::= <if bedingung> {<ausführbarer
> prozedurteil> | <balanced teil> ELSE <ausführbarer
> prozedurteil>}
> <if bedingung> ::= IF <elementausdruck>THEN

Diese Definition der IF-Anweisung zeigt deutlich, daß der Programmierer sowohl im THEN- als auch im ELSE-Zweig eine und nur eine Anweisung notieren darf (<einfache ausführbare anweisung>) bzw. eine Folge von Anweisungen in der Funktion einer Anweisung, nämlich als DO-Gruppe oder BEGIN-Block (<ausführbarer prozedurteil>). Weiterhin sind in beiden Zweigen Bedingungspräfixe und/oder Marken zugelassen, so daß folgende etwas ungewöhnliche Form einer IF-Anweisung durchaus der PL/1-Syntax entspricht:

```
IF X > Y THEN  (SIZE) : A = B + C;
         ELSE   M:      A = 2;
```

Diese Schreibweise folgt aus folgender formaler Definition:

> <balanced teil> ::= [<präfixlist>]
> {<einfache ausführbare anweisung> | <gruppe> | <on anweisung> |
> <if bedingung> <balanced teil> ELSE <balanced teil>} |
> <beginblock>

Wie die Definition des formalen Sprachelements <ausführbarer prozedurteil> zeigt, gehört zur Ebene der High Level-Syntax auch noch die „Gruppe" und der „BEGIN-Block". In der PL/1-Terminologie ist eine Gruppe eine Programmschleife, die durch eine DO-Anweisung eröffnet wird und die eine END-Anweisung abschließt. Die formale Definition lautet:

> <gruppe> ::= <do anweisung> [<prozedurkörper>] ...
> <endanweisung>

Der BEGIN-Block unterscheidet sich bekanntlich vom normalen Prozedurblock dadurch, daß er nicht durch einen Prozeduraufruf aktiviert wird, sondern durch den normalen sequentiellen Programmablauf. Dies bedeutet, daß ein BEGIN-Block ganz in eine Prozedur eingebettet sein muß, so daß er hinsichtlich seiner Notation einer internen Prozedur entspricht [24, S. 153 f.]. Damit lautet seine formale Definition:

> <beginblock> ::= [<präfixlist>] <beginanweisung>
> [<prozedurkörper> ...] <endanweisung>

Es steht noch die Definition der <endanweisung> aus, die sowohl die Prozedur als auch den BEGIN-Block und die Gruppe beendet. Sie lautet:

<endanweisung> ::= [<präfixlist>] END [<markenpräfix>];

Abschließend ist noch die ON-Anweisung aus der formalen Definition <ausführbarer prozedurteil> darzustellen:

<on anweisung> ::= ON <bedingung> [SNAP]
{<oneinheit> | SYSTEM;}

In dieser Definition gilt:

<oneinheit> ::= [<bedingungspräfixlist>]
{<einfache ausführbare anweisung> | <beginblock>}

Einige dieser letzten metalinguistischen Sätze verwenden das Sprachelement <präfixlist>. Obwohl es nicht mehr Gegenstand der High Level-Syntax ist, sondern bereits zur Middle Level-Syntax gehört, soll es aus didaktischen Gründen schon jetzt definiert werden.

<präfixlist> ::= [<bedingungspräfixlist>] [<markenpräfixlist>]

<bedingungspräfixlist> ::=
<bedingungspräfix> [<bedingungspräfix>] ...

<bedingungspräfix> ::=
(<bedingungsname> [, <bedingungsname>] ...):

<markenpräfixlist> ::= {<markenkonstante> :} ...

PL/1 verfügt über zwei Präfixtypen, das Bedingungs- und das Markenpräfix [24, S. 27 ff.]. Das Bedingungspräfix, das signalisiert, ob bei der Ausführung des Programmes eine Ausnahmebedingung aufgetreten ist, unterscheidet sich syntaktisch vom Markenpräfix dadurch, daß es in runden Klammern notiert wird. Die metasprachliche Definition zeigt an, daß der Programmierer in ein und derselben Präfixliste mehrere Bedingungsnamen nacheinander niederschreiben darf. Es stehen ihm dabei zwei Notationsvarianten zur Verfügung. Er kann alle Bedingungsnamen zu einem einzigen Bedingungspräfix zusammenfassen, das dann die Bedingungspräfixliste bildet. Die Sprachsyntax läßt es aber auch zu, daß mehrere Bedingungspräfixe nacheinander in Klammern gesetzt und durch Doppelpunkte getrennt, eine Bedingungspräfixliste bilden.

Beispiel für die Zusammenfassung mehrerer Bedingungsnamen zu einem Bedingungspräfix:

```
(SIZE,NOFIXEDOVERFLOW): BEISP1 : PROC OPTIONS (MAIN);
      DCL  (A,B) DEC FIXED (15) INITIAL (987654321098765),
               C  DEC FIXED (15),
               D  DEC FIXED (1);
              C = A + B;
              PUT DATA (C);
              D = A;
              PUT DATA (D);
              END BEISP1,
```

Die Bedingung SIZE in der Präfixliste vor der Prozedurvereinbarung bewirkt, daß in dieser Prozedur die Programmausführung immer dann unterbricht, wenn signifikante Stellen bei der Wertzuweisung in der Zuordnungsanweisung verloren gehen. Im obigen Programmierbeispiel tritt dieser Fall in der Anweisung „D = A" auf. Dort wird der Wert der Variablen A, die 15 Stellen lang ist, der einstelligen Variablen D zugewiesen. Das Programm unterbricht deshalb vor der Ausführung der zweiten PUT-Anweisung. Die Bedingung FIXEDOVERFLOW, die immer dann anspricht, wenn das Ergebnis einer Festpunktoperation länger ist als die vom Kompilierer maximal zugelassene Datenlänge, wird in unserem Programmierbeispiel durch den Zusatz NO abgeschaltet. Das Programm führt deshalb die arithmetische Anweisung C = A + B aus, obwohl dabei eine signifikante Stelle verloren geht und die Summe lautet:

C = 975308642197530;

Dieselbe Wirkung hat auch die folgende Notationsvariante, die zwei Bedingungspräfixe benutzt:

```
(SIZE) : (NOFIXEDOVERFLOW) : BEISP1: PROC OPTIONS (MAIN);
```

Es drängt sich an diesem Beispiel noch die Frage auf, was passieren würde, wenn ein Programmierer zwei sich widersprechende Bedingungen als Bedingungsnamen in einer Präfixliste notierte. Als Beispiel nennen wir den Fall, daß ein Programmierer als Scherz die beiden Bedingungen FIXEDOVERFLOW und NOFIXEDOVERFLOW in ein und dieselbe Bedingungspräfixliste aufgenommen hat. Die Reaktion des Kompilierers ist nicht einheitlich. Im F-Compiler wird auf diesen Fehler aufmerksam gemacht und bei der Programmausführung die letzte Präfixangabe benutzt.

Wir haben in diesem Programmierbeispiel die Präfixliste in der Funktion einer Prozedurpräfixliste verwendet. Es sei an dieser Stelle wiederholend daran erinnert, daß sie sich von der Präfixliste vor einer Anweisung dadurch unterscheidet, daß das Markenpräfix eine externe Marke ist, die maximal nur sieben Zeichen lang sein darf. Moderne Kompilierer lassen allerdings auch längere Namen zu, um die Programmdokumentation übersichtlicher zu gestalten. Sie begrenzen automatisch alle Namen, wie Prozedurnamen, Anweisungsnamen oder Variablenbezeichner auf die maximal zugelassene Länge, drucken aber in den Programmlisten die vom Programmierer verwendeten Namen aus. Beispielsweise kürzen die von der IBM auf den Markt gebrachten PL/1-F- und Checkout-Compiler das Markenpräfix „END_ABRECHNUNG_1" auf die Marke „END_G_1". Bezeichner, die länger sind als 31 Zeichen, werden gekürzt, indem die ersten 16 Zeichen mit den letzten 15 Zeichen verkettet werden. So entsteht beispielsweise aus der Variablen „ZWISCHENSUMME_1_ZWISCHENSUMME_234567" die gekürzte Version „ZWISCHENSUMME_1_HENSUMME_234567", die allerdings nur intern und in Ausgabeanweisungen wie PUT DATA verwendet wird.

1.3.2 Beispiele aus der Middle und Low Level-Syntax

Die genormte Fassung von PL/1 definiert auf der Ebene der Middle Level-Syntax die Teile einer Prozedur, die zwischen Kommata notiert sind [12, S. 33 ff.]. Sie bezeichnet deshalb diese Sprachebene auch als *Satzebene.* Der Satzbegriff wird dabei wie folgt formal eingeführt:

<satz> ::=
[<präfixfall list>] <einfache ausführbare anweisung>|
<elseteil>

Während der Begriff <einfache ausführbare anweisung> bereits im letzten Kapitel gebracht wurde, sind die beiden metasprachlichen Komponenten <präfixfall list> und <elseteil> neu zu definieren. Es gilt:

<elseteil> ::=
ELSE [<präfixfall list>] <einfache ausführbare anweisung>

<präfixfall list> ::=
[<präfixlist>] {<if bedingung> | ON <bedingung> [SNAP] }

Beispiele für Sätze nach dieser Definition sind:

```
PROGR: PROC OPTIONS (MAIN);
DO I = 10 TO 1 BY –2;
DECLARE  ((A,B,C)  DEC FLOAT (10) ,D)  (10,5,2);
MARKE_1  : IF A  = B THEN C  = D;
MARKE_2  : ELSE DO  WHILE  (A¬= B);
```

Wir wollen jetzt nur noch ein typisches Beispiel für diese Sprachebene aufgreifen, nämlich die explizite Vereinbarung mit Hilfe des Schlüsselworts DECLARE, um an ihm später den Unterschied zwischen konkreter und abstrakter Syntax weiter herausarbeiten zu können. Dieses Sprachelement ist folgendermaßen formal definiert [12, S. 34]:

<vereinbarung> ::= DECLARE <declaration> [,<declaration>] ...;

<declaration> ::= [<stufe>] { <bezeichner> | (<declaration> [,<declaration>] ...) } [<dimensionsattribut>] [<attribut> ...]

Hierbei wurde das Sprachelement <declaration> rekursiv definiert, um die Zusammenfassung von Arbeitsobjekten mit gleichen Attributen zu einer Vereinbarung ausdrücken zu können.

Ein *Beispiel* dafür, das wir später noch einmal aufgreifen werden, lautet:

DECLARE (A(3,2) FIXED, B FIXED) DECIMAL (5,3);

Die weiteren Sprachelemente der Vereinbarung sind formal wie folgt definiert:

<stufe> ::= <ganze dezimale zahl>

<dimensionsattribut> ::=
({ [<untere grenze> :] <obere grenze> [, [<untere grenze> :] <obere grenze>] ... | * ... })

<untere grenze> ::= <elementausdruck>
<obere grenze> ::= <elementausdruck>

Diese Definition stimmt bis auf die runden Klammern und den Stern mit der analogen Definition der Einführung [24, S. 38] überein. Die Sternnotation, die bekanntlich bei Prozeduraufrufen verwendet werden darf, gibt an, daß die Übergabeargumente die Länge von Kettendaten, die Grenzen von Bereichen oder die Größe von Gebieten (s. Kapitel 3) in der aufgerufenen Prozedur bestimmen. Die weitere Unterscheidung, welche Art von Arbeitsobjekten eine Vereinbarung definiert, liegt im Sprachelement <attribut>, wobei sich die konkrete Syntax darauf beschränkt, die Attribute in alphabetischer Reihenfolge aufzuzählen, ohne die zugelassenen Attributpermutationen anzugeben [12, S. 35]. Für den F-Compiler sind dies die nachfolgenden Attribute. Um eine bessere Übersichtlichkeit zu erzielen, haben wir zusätzlich Attributsklassen stichwortartig eingeführt und angegeben.

	Klasse
<attribut> ::=	
BUFFERED |	Dateiattribut
<datenattribut> |	Datenbeschreibung
AUTOMATIC |	Speicherungsart

	Klasse
BACKWARDS |	Dateiattribut
BASED (<elementzeigervariable>) |	Speicherungsart
BUILTIN |	Eingangsname
CONTROLLED |	Speicherungsart
DEFINED <basisbezugnahme> |	korrespondierendes oder überlagerndes Definieren
<dimensionsattribut> |	Datenbeschreibung
DIRECT |	Dateiattribut
<environment> |	Dateiattribut
EXCLUSIVE |	Dateiattribut
EXTERNAL |	Gültigkeitsbereich
GENERIC (<eingangsnamenvereinbarung> [, <eingangsnamenvereinbarung>] ...) |	Eingangsname (Familie)
<initial> |	Anfangswert
INPUT |	Dateiattribut
INTERNAL |	Gültigkeitsbereich
IRREDUCIBLE |	Optimierung
KEYED |	Dateiattribut
LIKE <strukturvariable> |	Strukturvereinbarung
OUTPUT |	Dateiattribut
POSITION (<ganze dezimale zahl>) |	überlagerndes Definieren
PRINT |	Dateiattribut
RECORD |	Dateiattribut
REDUCIBLE |	Optimierung
REFER (<elementstrukturvariable>) |	Speicherungsart
SEQUENTIAL |	Dateiattribut
STATIC |	Speicherungsart
STREAM |	Dateiattribut
TRANSIENT |	Dateiattribut (Datenfernverarbeitung)
UNBUFFERED |	Dateiattribut
UPDATE	Dateiattribut

Es gilt die syntaktische Regel:

<initial> ::= INITIAL ([(<wiederholungsfaktor>)] <elementausdruck>)

<wiederholungsfaktor> ::= <ganze dezimale zahl>

Das Sprachelement <datenattribut> definiert die genormte Fassung der Sprachsyntax von PL/1 in gleicher Weise wie <attribut>, indem sie nur wieder die einzelnen Attribute in alphabetischer Reihenfolge angibt. Wir haben zusätzlich wiederum Hinweise für die Verwendung dieser Attribute mit aufgenommen.

<table>
<tr><td></td><td>Klasse</td></tr>
<tr><td><datenattribut> ::=</td><td></td></tr>
<tr><td>ALIGNED |</td><td>Speicherausrichtung</td></tr>
<tr><td>AREA [(<gebietsgröße>)] |</td><td>Listenverarbeitung</td></tr>
<tr><td>BINARY [<genauigkeit>] |</td><td>arithmetische Daten</td></tr>
<tr><td>BIT [(<maximale länge>)] |</td><td>Kettendaten</td></tr>
<tr><td>CHARACTER [(<maximale länge>)] |</td><td>Kettendaten</td></tr>
<tr><td>COMPLEX [<genauigkeit>] |</td><td>arithmetische Daten</td></tr>
<tr><td>DECIMAL [<genauigkeit>] |</td><td>arithmetische Daten</td></tr>
<tr><td>ENTRY [(<parameterattribut>
[,<parameterattribut>] ...)] |</td><td>Eingangsname</td></tr>
<tr><td>EVENT |</td><td>Multitasking</td></tr>
<tr><td>FILE |</td><td>Dateiattribut</td></tr>
<tr><td>FIXED [<genauigkeit>] |</td><td>arithmetische Daten</td></tr>
<tr><td>FLOAT [(<ziffernanzahl>)] |</td><td>arithmetische Daten</td></tr>
<tr><td>LABEL |</td><td>Markenvariable</td></tr>
<tr><td>OFFSET (<gebietsvariable>) |</td><td>Listenverarbeitung</td></tr>
<tr><td>PICTURE {'<numerische abbildungs
spezifikation> ' | '<zeichen
abbildungsspezifikation> ' } |</td><td>Abbildungsvereinbarung</td></tr>
<tr><td>POINTER |</td><td>Listenverarbeitung</td></tr>
<tr><td>REAL [<genauigkeit>] |</td><td>arithmetische Daten</td></tr>
<tr><td>RETURNS (<funktionsattribut> ...) |</td><td>Eingangsname</td></tr>
<tr><td>TASK |</td><td>Multitasking</td></tr>
<tr><td>UNALIGNED |</td><td>Speicherausrichtung</td></tr>
<tr><td>VARYING</td><td>Kettendaten</td></tr>
</table>

Hierbei werden die Syntaxelemente <genauigkeit> und <parameterattribut> wie folgt definiert:

<genauigkeit> ::= (<ziffernanzahl> [,<skalenfaktor>])
<ziffernanzahl> ::= <ganze dezimale zahl>
<skalenfaktor> ::= [+ | –] <ganze dezimale zahl>

<parameterattribut> ::=
{[<stufe>] [<dimensionsattribut>] [<datenattributlist>] } | [ƀ] ...

Obwohl jede formale Definition eigentlich so beschaffen sein müßte, daß sie ohne verbale Erläuterungen auskommt, wollen wir hier noch einige zusätzliche Ergänzungen bringen. In der Einführung haben wir die <ziffernanzahl>, welche die gesamte Anzahl von Dezimal- oder Dualziffern einer Variablen angibt, mit „p" abgekurzt bezeichnet und den <skalenfaktor> mit „q" [24, S. 43]. Die formale Definition dieser beiden Sprachelemente gibt nun an, welche Form sie haben mussen. Weiterhin ware noch das Sprachelement <funktionsattribut> zu definieren. Es ist nicht identisch mit den Datenattributen, sondern stellt nur eine Untermenge davon dar. Fur den Bereich des F-Compilers sind dies die Datenattribute: AREA, BINARY, BIT, CHARACTER, COMPLEX, DECIMAL, FIXED, FLOAT, OFFSET, PICTURE, POINTER, REAL und VARYING*. Die ODER-Bedingung in der formalen Definition des Parameterattributs gilt für die Fälle, in denen keine Konvertierung der Parameter notwendig ist. Sie werden durch ein Komma, gegebenenfalls zusammen mit einem oder mehreren Zwischenraumzeichen, markiert. Mit dieser formalen Definition des Programmbausteins „Vereinbarung" ist der Programmierer in der Lage, teilweise ohne automatische Syntaxanalyse selbst zu uberprüfen, ob eine vorgegebene Notation syntaktisch richtig ist.

Beispiel: Es soll untersucht werden, ob ein PL/1-Programmierer folgende Vereinbarung notieren darf:

DECLARE ((A(3,2) FIXED, B FIXED) DECIMAL (5,3), C BINARY FLOAT (20)) CONTROLLED;

Lösung:

<vereinbarung>	::=	DECLARE <declaration>;
<declaration>	::=	(<declaration a> , <declaration b>) <attribut>
<attribut>	::=	CONTROLLED
<declaration a>	::=	(<declaration aa> , <declaration ab>) <attribut>
<declaration aa>	::=	<bezeichner> <dimensionsattribut> <datenattribut>
<bezeichner>	::=	A
<dimensionsattribut>	::=	(<obere grenze> , <obere grenze>)
<obere grenze>	::=	<elementausdruck>
<elementausdruck>	::=	3
<obere grenze>	::=	<elementausdruck>
<elementausdruck>	::=	2
<datenattribut>	::=	FIXED
<declaration ab>	::=	<bezeichner> <datenattribut>
<bezeichner>	::=	B
<datenattribut>	::=	FIXED

* Im Checkout-Compiler sind auch alle übrigen Datenattribute bis auf ENTRY zugelassen.

```
<attribut>          ::=  <datenattribut>
<datenattribut>     ::=  DECIMAL <genauigkeit>
<genauigkeit>       ::=  (<ziffernanzahl> , <skalenfaktor>)
<ziffernanzahl>     ::=  5
<skalenfaktor>      ::=  3

<declaration b>     ::=  <bezeichner> <attribut a>
                         <attribut b>
<bezeichner>        ::=  C
<attribut a>        ::=  <datenattribut>
<datenattribut>     ::=  BINARY
<attribut b>        ::=  <datenattribut>
<datenattribut>     ::=  FLOAT (<ziffernanzahl>)
<ziffernanzahl>     ::=  20
```

In der einführenden Darstellung wurde versucht, für das Sprachelement „vereinbarung" alle von der Syntax zugelassenen Permutationen in einer einzigen Syntaxformel auszudrücken. Obwohl damit die Syntaxdarstellung einfacher wird, hat sie den Nachteil, daß man nicht ohne weiteres erkennen kann, welche Permutationen zusammengehören. Dazu waren zusätzliche verbale Ausführungen notwendig. An diesem Beispiel wird wieder deutlich, daß je nach Aufgabe einer Syntaxnotation ihr Umfang mehr oder weniger komplex sein muß. Allerdings weist auch die konkrete Sprachsyntax nicht die zugelassenen Permutationen von Sprachelementen aus, so daß es Anweisungs- und Vereinbarungsnotationen geben kann, in denen allein unter Zuhilfenahme der Regeln der konkreten Syntax nicht zu erkennen ist, ob sie zulässig sind.

Beispiel:

```
DECLARE A DECIMAL (10,3) BINARY;
```

Es gilt:

```
<vereinbarung>      ::=  DECLARE <declaration>;
<declaration>       ::=  <bezeichner> <attribut a> <attribut b>
<bezeichner>        ::=  A
<attribut a>        ::=  <datenattribut>
<datenattribut>     ::=  DECIMAL <genauigkeit>
<genauigkeit>       ::=  (<ziffernanzahl> , <skalenfaktor>)
<ziffernanzahl>     ::=  10
<skalenfaktor>      ::=  3
<attribut b>        ::=  <datenattribut>
<datenattribut>     ::=  BINARY
```

Erst auf der Ebene der abstrakten Syntax ist es möglich, diesen Widerspruch zu eliminieren.

Als letzte Stufe der konkreten Sprachsyntax wollen wir nun noch das Niveau der Low Level-Syntax skizzieren. Wie schon Abb. 1-1 zeigte, handelt es sich dabei um PL/1-Text, niedergeschrieben im zugelassenen Zeichenvorrat. Aus diesen Zeichenketten sind nun Worte zu bilden, indem wie in der natürlichen Sprache mit Hilfe von Worttrennzeichen – in der PL/1-Norm „delimiter" genannt [12, S. 45] – der Anfang und das Ende eines Wortes erkannt wird. Es ist deshalb die Aufgabe der Low Level-Syntax, zunächst zwischen Worttrennzeichen und Wortzeichen – „non-delimiter" genannt – zu unterscheiden. Die Low Level-Syntax geht deshalb von folgenden Definitionen aus [12, S. 45]:

<pleins text> ::=
[<trennzeichenlist>] <worttrennzeichenpaarlist>

<worttrennzeichenpaar> ::= <wortzeichen> <trennzeichenlist>

<trennzeichen> ::= + | – | * | / | ** | > | < | = | >= | <= |
¬> | ¬< | ¬= | ¬ | & | < | > | < || > | (|) | . | , | ; | : |
–> | ƀ | <kommentar>

In der Symbolik der Syntaxnotation (Tab. 1-1) haben wir nicht wie in der Einführung [24, S. 26] die Unterstreichung benutzt, um Zeichen, die sowohl als Metazeichen der formalen Syntaxnotation auftreten als auch dem zu beschreibenden Zeichenvorrat angehören, unterscheiden zu können. Deshalb ist es jetzt notwendig, solche Zeichen (Oder-Operator und Verkettungsoperator) als metasprachliche Variable der Syntax zu interpretieren und deshalb in spitzen Klammern zu notieren. Es ist jetzt noch das <wortzeichen> zu definieren:

<wortzeichen> ::= <wort> | <arithmetische konstante> |
<bitkettenkonstante> | <zeichenkettenkonstante> | <isub>*

Die deutschen Übersetzungen der Bezeichnungen syntaktischer Variablen wurden so gewählt, daß auch in den Fällen, wo sie nicht weiter definiert wurden, wie beispielsweise die verschiedenen Konstanten in PL/1, der Leser versteht, was sich dahinter verbirgt. Alle Definitionen, die von der Definition <pleins text> ausgehen, lassen erkennen, daß auf der Low Level-Sprachebene die erste Arbeitsphase des Kompilierungsprozesses angesiedelt ist. In dieser Phase wird ein PL/1-Quellprogramm für den Übersetzungsprozeß lexikalisch aufbereitet, indem der Übersetzer überflüssige Trennzeichen eliminiert, damit ein und nur ein Trennzeichen zwischen den Wortzeichen übrigbleibt.

Beispiel: Gegeben sei der folgende arithmetische Ausdruck, dessen syntaktische Struktur erkannt werden soll:

SU_1 / *ENDSUMME* / *3.23 + SQRT (X)

* spezielle Form des korrespondierenden Definierens

Um diesen Ausdruck zu strukturieren, benötigen wir die Definition des Sprachelements <arithmetische konstante>, die wie folgt lautet [12, S. 45]:

<arithmetische konstante> ::=
<reelle konstante> | <imaginaere konstante>

<reelle konstante> ::=
<dezimale konstante> | <duale konstante>

<dezimale konstante> ::= <dezimalzahl> [E <exponent>]

<dezimalzahl> ::=
<dezimalziffer> ... [. [<dezimalziffer> ...]] | . <dezimalziffer> ...

Nach Eliminierung der Zwischenraumzeichen und des Kommentars ergibt sich damit folgende Strukturierung des oben genannten arithmetischen Ausdrucks:

SU_1	*	3.23	+	SQRT	(	X	)
<wort>	<trenn zeichen>	<dezimale konstante>	<trenn zeichen>	<wort>	<trenn zeichen>	<wort>	<trenn zeichen>

Da als erstes in diesem arithmetischen Ausdruck ein Buchstabenzeichen erscheint, muß die erste syntaktische Variable ein <wort> sein. Bis zum nächsten Trennzeichen gehören alle Zeichen zu diesem Wort. Das Trennzeichen Multiplikationsstern, das erst auf der Ebene der Middle Level-Syntax als Operationssymbol erkannt wird, gibt an, daß an dieser Stelle der Zeichenkette das erste Wort endet. Da nach diesem Trennzeichen eine Dezimalziffer notiert wurde, ein Wort aber mit einem Buchstabenzeichen beginnen muß, kann die nächste syntaktische Variable nur eine dezimale Konstante sein. Das nächste Trennzeichen gibt dann wieder das Ende dieser Konstanten an. In gleicher Weise wird der gesamte arithmetische Ausdruck abgearbeitet. Die weitere Syntaxanalyse gehört dann bereits nach der normierten Fassung von PL/1 zur Ebene der Middle Level-Syntax.

1.4 Kurze Darstellung der abstrakten Syntax

Die abstrakte Form eines PL/1 Programms folgt aus der konkreten Darstellung durch einen Übersetzungsprozeß. Er durchläuft bottom up alle drei Stufen der konkreten Sprachsyntax und entwickelt sukzessiv, ausgehend von PL/1-Zeichenketten, externe Prozeduren. Hiermit verbunden ist eine Vervollständigung der konkreten Prozedur in dem Sinne, daß alle impliziten Vereinbarungen in explizite zusammen mit einer Reorganisation der Prozedur umgesetzt werden. So fügt beispielsweise dieser Übersetzer in Anweisungen des peripheren Datenverkehrs fehlende Dateinamen wie SYSIN und SYSPRINT hinzu und leitet einen

SKIP-Zusatz ohne Elementausdruck in die Form „SKIP (1)" über. Weiterhin werden alle impliziten Datenattribute durch explizite ersetzt. Schließlich wird auf der Prozedurebene eine konkrete Prozedur in eine abstrakte überführt. Schematisch läßt sich damit die Funktion dieses Übersetzungsprozesses wie folgt beschreiben:

1. ≺pleins zeichenlist≻ → ≺pleins text≻
2. ≺pleins text≻ → ≺satz≻
3. ≺satz≻ → ≺prozedur≻
4. Vervollständigung des Sprachelements ≺prozedur≻
5. ≺prozedur≻ → <prozedur>

Diese bisher ganz allgemein gehaltenen Ausführungen über das Wesen der abstrakten Sprachsyntax wollen wir nun an Hand von zwei exemplarischen Beispielen weiter vertiefen. Wir greifen zu diesem Zweck die beiden grundlegenden Begriffe *Prozedur* und *Vereinbarung* auf. Ein PL/1-Programm bietet sich auf der abstrakten Sprachebene als eine Folge externer Prozeduren dar, so daß die abstrakte Syntax mit folgenden Definitionen beginnt:

<programm> ::= <externe prozedur> ...

<externe prozedur> ::= [<vereinbarunglist>] <prozedur>

<prozedur> ::= [<vereinbarunglist>] [<prozedurlist>]
[<formatvereinbarunglist>] [<bedingungspräfixlist>]
[<recursive>] [<order> | <reorder>]*
<entryvereinbarung und ausführbarer prozedurteil> ...

Es fällt zunächst auf, daß jetzt ein zusätzliches Symbol der Syntaxnotation verwendet wird, nämlich die Unterstreichung. Sie kennzeichnet Terminals, wie in unserem Beispiel die Attribute RECURSIVE, ORDER und REORDER in der Prozedurvereinbarung. Da die Aufeinanderfolge der einzelnen syntaktischen Variablen innerhalb der Prozedur fest vorgegeben ist, folgt aus der letzten Definition, daß in der Regel eine Prozedur mit einem Vereinbarungsteil beginnt, der alle Vereinbarungen einer Prozedur zusammenfaßt**. Dabei ist auch zu beachten, daß beim Übergang von der konkreten zur abstrakten Sprachebene alle impliziten Vereinbarungen in explizite überführt wurden. Vergleicht man die letzte formale Definition mit der konkreten Syntaxnotation der Prozedur, dann fällt sofort

* nicht in der genormten PL/1-Version [12]

** Die eckigen Klammern um <vereinbarunglist> gelten nur für den Fall, daß ein Programmierer unmittelbar auf die Prozedurvereinbarung, die keine Parameter enthält, die END-Anweisung notiert hat.

auf, daß das äquivalente Sprachelement zur ≮präfixlist≯ fehlt. Es wird vor dem Übergang zur abstrakten Syntax in die beiden Elemente ≮bedingungspräfixlist≯ und ≮markenpräfixlist≯ aufgespalten. Bedingungspräfixe werden nach den Formatvereinbarungen, sofern vorhanden, in der abstrakten <bedingungspräfixlist>, die jetzt Teil einer Prozedur ist, zusammengefaßt. Hingegen sind die Markenpräfixe in das Sprachelement <entryvereinbarung und ausführbarer prozedurteil> eingegangen. Um diese Aussage zu verdeutlichen, bringen wir noch die entsprechenden Definitionen:

<entryvereinbarung und ausführbarer prozedurteil> ::=
<entrypunkt> | <ausführbarer prozedurteil>

<entrypunkt> ::= <markenpräfix> <entryinformationen>

<entryinformationen> ::=
[<parameterlist>] [<returnsbeschreibung>] [<options>]

An dieser Stelle wird wieder deutlich, daß die abstrakte Sprachebene nur explizite Vereinbarungen kennt. So wird ein Prozedurmarkenpräfix in eine explizite ENTRY-Vereinbarung überführt und damit die primäre Eingangsstelle einer Prozedur wie eine sekundäre behandelt. Weiterhin fällt auf, daß auch die END-Anweisung der konkreten Syntaxdefinition einer Prozedur nicht mehr auf der abstrakten Sprachebene erscheint. Sie ist wie die Prozedurmarken im Sprachelement <entryvereinbarung und ausführbarer prozedurteil> aufgegangen. Dies zeigt die folgende Definition* [12, S. 52]:

<ausführbarer prozedurteil> ::=
[<bedingungspräfixlist>] [<markenpräfixlist>]
{<beginblock> | <gruppe> |
<allocateanweisung> | <onanweisung> |
<callanweisung> | <openanweisung> |
<closeanweisung> | <putanweisung> |
<deleteanweisung> | <readanweisung> |
<endanweisung> | <returnanweisung> |
<freeanweisung> | <revertanweisung> |
<getanweisung> | <rewriteanweisung> |
<gotoanweisung> | <signalanweisung> |
<ifanweisung> | <stopanweisung> |
<locateanweisung> | <writeanweisung> |
<nullanweisung> | <zuordnungsanweisung>}

Weitere Einzelheiten der abstrakten Sprachsyntax sollen an Hand der formalen Definition der *Vereinbarung* demonstriert werden, wobei auch gezeigt wird, daß

* Hier erscheinen nur die Anweisungen, die zur genormten Sprachversion gehören.

diese Sprachebene offengebliebene Mehrdeutigkeiten der konkreten Syntax auflöst. Es gilt [12, S. 49]:*

<vereinbarung> ::= <bezeichner> <gültigkeitsbereich>
<vereinbarungstyp>

<gültigkeitsbereich> ::= <external> | <internal>

<vereinbarungstyp> ::= <variable> | <benannte konstante> |
<builtin> | <condition>

Es fällt auf, daß in der abstrakten Syntax das Schlüsselwort DECLARE nicht mehr aufscheint. Dies ist darin begründet, daß auf der Ebene der abstrakten Sprachsyntax Vereinbarungen nur noch am Beginn einer Prozedur stehen. Die abstrakte PL/1-Syntax entspricht an dieser Stelle der problemorientierten Programmiersprache ALGOL 60, bei der jeder Programmblock mit den Vereinbarungen beginnt, die für diesen Block gültig sind. Da sie vor den Anweisungen stehen, ist dafür kein eigenes Schlüsselwort notwendig, sondern sie werden durch eine bloße Aufzählung ihrer Namen zusammen mit den entsprechenden Attributspezifikationen definiert. Diese drei Definitionen sind wie folgt zu interpretieren. Danach besteht auf der Ebene der abstrakten PL/1-Syntax eine Vereinbarung aus den drei aufeinanderfolgenden Sprachelementen Bezeichner, Gültigkeitsbereich und Vereinbarungstyp. Sie legt für ein informationelles Arbeitsobjekt, gekennzeichnet durch einen Bezeichner, seinen Gültigkeitsbereich fest, der *extern* oder *intern* zu einer Prozedur sein kann, und wählt mit dem Vereinbarungstyp aus den zugelassenen Klassen von Arbeitsobjekten eine aus. Dabei wird zunächst nach den beiden Hauptobjektklassen problemorientierter Programmiersprachen unterschieden, nämlich den *Variablen* und den *Konstanten*. Im allgemeinen vereinbart allerdings ein Programmierer in PL/1 eine Konstante nicht explizit mit einem Namen, sondern implizit durch die Notation ihres Wertes im Programmtext. Eine Ausnahme von dieser Regel bilden nur diejenigen Informationen, die die Ausführung eines Programmes steuernd beeinflussen, in der obigen Syntaxbeschreibung „benannte konstante" genannt, die beim Übergang von der konkreten Syntax in die abstrakte Form durch die automatische Erzeugung expliziter Vereinbarungen entstehen. Ein typisches Beispiel dafür ist das Prozedurmarkenpräfix, das, wie schon erwähnt, mit einer ENTRY-Vereinba-

* Der Sprachteil <designator> wurde hierbei aus Übersichtlichkeitsgründen weggelassen.

rung explizit definiert wird. Im metasprachlichen Element <vereinbarungstyp> treten zwei weitere terminale Datenattribute auf, nämlich „builtin"* und „condition"**.

Die hierarchische Auflösung von <vereinbarungstyp> kann am besten an einem exemplarischen Beispiel weiter verfolgt werden. Ein Programmierer soll in einem PL/1-Programm folgende explizite Vereinbarung notiert haben:

DECLARE X EXTERNAL STATIC COMPLEX DECIMAL;

Der Übersetzer hat in der Übergangsphase von der konkreten zur abstrakten Sprachsyntax die Standardattribute „FLOAT(6)" hinzugefügt, so daß wir es auf der abstrakten Sprachebene mit folgender Vereinbarung zu tun haben:

DECLARE X EXTERNAL STATIC COMPLEX DECIMAL FLOAT(6);

Um diese Vereinbarung mit Hilfe der abstrakten Syntax interpretieren zu können, werden folgende weitere formale Definitionen benötigt [12, S. 49 ff.]:

<variable>	::=	<speichertyp> <datenbeschreibung>
<speichertyp>	::=	<speicherplatzzuordnung> | <defined> | <parameter>
<speicherplatzzuordnung>	::=	<automatic> | <based> | <controlled> | <static>
<datenbeschreibung>	::=	<elementbeschreibung> | <bereichsbeschreibung> | <strukturbeschreibung>
<elementbeschreibung>	::=	[<alignment>] <datenklasse> [<initial>]
<datenklasse>	::=	<rechentyp> | <nichtrechentyp>
<rechentyp>	::=	<arithmetischer typ> | <kettentyp> | <abbildungstyp>

* Das Attribut BUILTIN (konkrete Sprachsyntax) besagt, daß jede Bezugnahme auf diesen Bezeichner als Aufruf einer eingefügten Funktion oder Pseudovariablen des gleichen Namens interpretiert wird.

** Dieses Attribut, das nicht im F-Compiler, sondern nur im Checkout- und Optimizing-Compiler zugelassen ist, gibt an, daß der zugeordnete Bezeichner eine Bedingung definiert.

<nichtrechentyp>	::=	<area> | <entry> | <event>* | <file> | <format> [<local>]** | <label> [<local>]** | <locator> | <task>*
<arithmetischer typ>	::=	<modus> <zahlenbasis> <schreibweise> <genauigkeit>
<modus>	::=	<real> | <complex>
<zahlenbasis>	::=	<binary> | <decimal>
<schreibweise>	::=	<fixed> | <float>
<genauigkeit>	::=	<ziffernanzahl> [<skalenfaktor>]

Es sollen jetzt diese formalen Definitionen, bevor wir weitere verbale Ergänzungen dazu geben, zunächst auf die obige Vereinbarung angewendet werden. Dabei wird aus Übersichtlichkeitsgründen als Darstellung eine Baumstruktur gewählt.

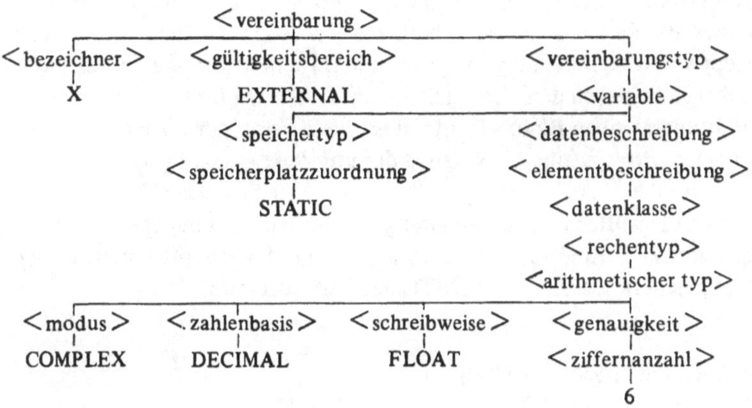

Diese Darstellung läßt erkennen, daß auf der Ebene der abstrakten Vereinbarung die Aufeinanderfolge der Attribute fest vorgegeben ist, so daß Mehrdeutigkeiten ausgeschlossen sind. Damit würde auch das frühere Notationsbeispiel „DECLARE A DECIMAL(10,3) BINARY" (s. Kapitel 1.3.2) als fehlerhaft erkannt werden; denn es würden für eine einzige Variable zwei syntaktische Variable <rechentyp> auf der abstrakten Sprachebene auftreten, was unzulässig ist.

Die obigen formalen Definitionen des Sprachelementes <variable> sind nun noch an einigen Stellen verbal zu ergänzen, wobei teilweise auch Fakten aus der Einführung wiederholt und im Blick auf die folgenden Kapitel vertieft werden sollen. Wir beginnen dabei mit dem Sprachelement „speicherplatzzuordnung".

* nicht in der genormten PL/1-Version
** nicht in der bisher von IBM implementierten Sprache

Es gehört zum Prinzip jeder problemorientierten Programmierung, daß der Speicherplatz eines Arbeitsobjektes nicht durch eine Maschinenadresse, sondern einen Namen identifiziert wird. Der Programmierer kann ihn in Grenzen, die von der Sprachsyntax vorgegeben sind, frei wählen. Dieser Name bezeichnet ein Arbeitsobjekt („Bezeichner") und erschließt es damit einem informationellen Arbeitsprozeß. Gespeichert selbst wird der Bezeichner nicht, sondern nur das „Bezeichnete", der „*Wert*" eines Arbeitsobjektes. Unter diesem Begriff sind aber nicht nur zahlenmäßige Angaben zu verstehen, sondern alle Arten der Zuordnung zwischen Objektbezeichnung und Objektinhalt, also beispielsweise auch Text. Damit der Kompilierer aber eine eindeutige Verbindung zwischen Speicherplätzen und Bezeichnern herstellen kann, ist in einem problemorientierten Programm der Speicherbedarf und die Speicherungsart der vorkommenden Variablen explizit festzulegen (Sprachelement <speichertyp>). Als Speicherungsarten soll hier nur beispielhaft auf die Gleitpunkt- und Festpunktdarstellung von Zahlen verwiesen werden. Die Zuordnung zwischen Bezeichnung und Speicherplatz kann in PL/1 entweder *dynamisch* oder *statisch* erfolgen [24, S. 166]. Es soll an dieser Stelle noch einmal kurz auf den Vorteil der dynamischen Speicherplatzverwaltung, die inhärent mit dem Blockkonzept verbunden ist, hingewiesen werden. Da in diesem Fall einer Variablen Speicherplatz erst in dem Augenblick zugewiesen wird, in dem die Programmausführung in einen Block eintritt, führt diese Form der Speicherplatzverwaltung zu einer wirtschaftlichen Nutzung der immer knappen Speicherkapazität, indem sie nur für die „lokal" benötigten Arbeitsobjekte Speicherplätze reserviert. Beim Verlassen eines Blocks wird dann der gesamte freigehaltene Speicherplatz abgegeben. Für diese Grundform der „automatischen" Speicherplatzverwaltung ist in PL/1 das Speicherklassenattribut AUTOMATIC* zuständig.

Beispiel:

```
P: PROC  OPTIONS (MAIN);
   DCL  A  DEC  FIXED  (5,2)  INIT  (123.45);
   PUT  SKIP   DATA (A);  /*  A  =  123.45   */
        BEGIN;
   DCL  A  DEC  FIXED  (6,3)  INIT  (987.654);
   PUT  SKIP   DATA  (A);  /*  A  = 987.654  */
        END;
   PUT  SKIP   DATA (A);  /*  A  = 123.45   */
        END  P;
```

Mit der Speicherplatzzuordnung AUTOMATIC ist also inhärent der Begriff „Block" verbunden. Er gehört zum *Interpretierer*, der die Menge der möglichen Maschinenzustände definiert (s. Abb. 1-1). Er bezieht sich auf eine <externe prozedur>, eine <prozedur> oder einen <beginblock> [12, S. 142].

* Wir geben jetzt die Schlüsselworte an.

Zur Klasse der dynamischen Speicherplatzzuordnung gehören zwei weitere Untergruppen, nämlich BASED und CONTROLLED, auf die gleich eingegangen werden soll. Zunächst sind aber noch einmal die Eigenschaften der Speicherklasse STATIC zu wiederholen. Dieses Attribut, das explizit einem Arbeitsobjekt zugeordnet werden muß, vereinbart einen Speicherplatz, der während der gesamten Programmausführung mit diesem Objekt verbunden bleiben soll.

Beispiel:

```
Q: PROC   OPTIONS (MAIN);
   DCL  A  DEC FIXED  (5,2)  INIT  (123.45)  STATIC;
   PUT  SKIP  DATA  (A);  /* A =  123.45  */
        BEGIN;
   PUT SKIP   DATA  (A);  /* A =  123.45  */
        A = A + 1;
   PUT SKIP   DATA  (A);  /* A =  124.45  */
        END;
   PUT SKIP   DATA  (A);  /* A =  124.45  */
        END Q;
```

Sowohl für das Attribut STATIC als auch für AUTOMATIC gilt die Regel, daß jede Speicherplatzzuordnung für einen ganzen Block aufrechterhalten wird. Wünscht hingegen ein Programmierer, daß die Zuordnung *innerhalb* eines Blocks weiter eingeschränkt wird, so steht ihm dafür das Attribut CONTROLLED zur Verfügung. Es definiert, daß spezielle Anweisungen, nämlich ALLOCATE und FREE, die Zuordnung und Freigabe von Speicherplatz steuern [24, S. 167]. Einer Variablen, die mit dem CONTROLLED-Attribut vereinbart wurde, wird bei der Programmausführung nur dann Speicherplatz zugeordnet, wenn eine ALLOCATE-Anweisung im Programm diese Variable anspricht. Diese Zuordnung bleibt so lange erhalten, bis sie durch eine FREE-Anweisung wieder aufgehoben wird. Mit der Funktion „ALLOCATION" kann der Programmierer prüfen, ob eine kontrollierte Variable aktiviert ist, so daß ihr Speicherplatz zugewiesen wurde (s. Anhang A3).

Beispiel:

```
DCL A CTL, _ _ _ _ _ _
    ALLOCATE A;
         A = 123.45;
         I  = ALLOCATION(A);
    FREE A;
         M = ALLOCATION(A);
    PUT  DATA(I,M);
```

Die PUT-Anweisung würde in diesem Fall für die Variable I den dezimalen Wert „1" ausgeben und für M den Wert „0".

Es folgt ein erstes Beispiel für die Anwendung der ALLOCATE- und FREE-Anweisung:

```
R: PROC  OPTIONS (MAIN);
   DCL  A  DEC  FIXED  (5,2) INIT  (123.45);
   PUT  SKIP DATA  (A);  /*  A  =  123.45  */
        BEGIN;
   DCL  A  DEC  FIXED  (6,3) CTL;
     ALLOCATE  A;
     A  =  987.654;
   PUT  SKIP DATA  (A);  /*  A  =  987.654 */
        FREE  A;
     ALLOCATE  A;
     A  =  555.444;
   PUT  SKIP DATA  (A);  /*  A =  555.444  */
        FREE  A;
        END;
   PUT  SKIP DATA  (A);  /*  A =  123.45   */
        END R;
```

Mit Hilfe dieses Speicherklassenattributs können Variable in einem „Keller" *gestapelt* werden. Dieser Begriff kommt aus der Kompiliertechnik, um Klammerausdrücke abarbeiten zu können. DIN 44 300 definiert als Kellerspeicher „eine Folge gleichartiger Speicherelemente, von denen nur das erste aufgerufen wird. Bei der Eingabe in den Kellerspeicher wird der Inhalt jedes Speicherelements in das nachfolgende übertragen und das zu speichernde Wort in das erste Speicherelement geschrieben. Bei der Ausgabe wird der Inhalt des ersten Speicherelements gelesen und der Inhalt jedes übrigen Speicherelements an das vorhergehende übertragen" [9, S. 14]. In PL/1 kann ein Programmierer einen solchen Kellerspeicher dadurch simulieren, daß er mehrfach hintereinander auf ein und dieselbe Variable die ALLOCATE-Anweisung anwendet, ohne dazwischen eine FREE-Anweisung zu notieren. Dabei verschiebt jede ALLOCATE-Anweisung schon gespeicherte Daten um eine Stufe nach unten (Stapeln von Daten) und fügt neue Daten immer an der Spitze dieses Stapels dazu. In analoger Weise heben FREE-Anweisungen diesen Stapel um eine Stufe an und geben dabei die an oberster Stelle stehende Speicherplatzzuordnung frei. Dieses Kellerprinzip soll zunächst schematisch dargestellt und anschließend mit einem kleinen Programmierbeispiel belegt werden:

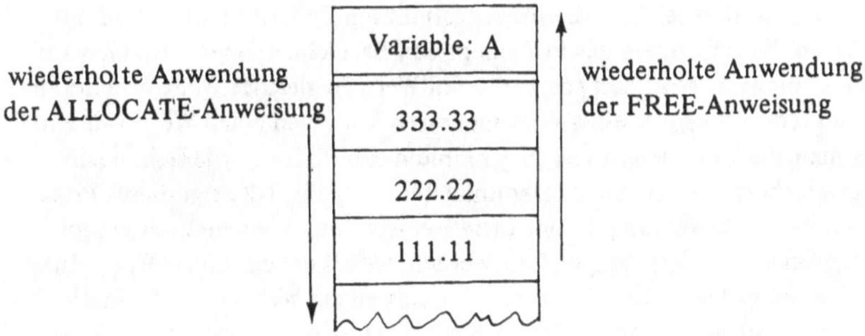

Ein solcher Datenstapel kann auch als Ganzes in einem Unterprogrammaufruf an die aufgerufene Prozedur übergeben werden.

```
BEISP2: PROC  OPTIONS (MAIN;
        /* KELLERPRINZIP */
        DECLARE (A CTL,B)  DEC  FIXED(5,2);
            ALLOCATE  A;
                      A =  111.11;
            ALLOCATE  A;
                      A =  222.22;
            ALLOCATE  A;
                      A =  333.33;
                      B =  A;
        PUT  SKIP  LIST   (B);  /*   B = 333.33  */
             FREE A;
                      B =  A;
        PUT  SKIP  LIST   (B);  /*   B = 222.22  */
             FREE A;
                      B =  A;
        PUT  SKIP  LIST   (B);  /*   B = 111.11*/
             END  BEISP2;
```

Der zweite Sonderfall einer dynamischen Speicherplatzzuordnung ist die in der Listenverarbeitung (s. Kapitel 3.) verwendete *basisbezogene* Speicherplatzzuordnung mit Hilfe des Attributs BASED. Die Listenverarbeitung setzt eine prinzipiell andere Form der Datenspeicherung voraus. Wir sind bisher davon ausgegangen, daß eine eindeutige Beziehung zwischen dem gespeicherten Wert eines Arbeitsobjektes und seinem Namen (Bezeichner) besteht, wobei allerdings unter einem Namen mit Hilfe der Stapelbildung mehrere Arbeitsobjekte gespeichert sein können. Bezeichner und Wert bilden das Arbeitsobjekt. So besitzt eine Variable, auch in einem Kellerspeicher, zu einem bestimmten Zeitpunkt einen und nur einen aktiven Wert*. Indem das Programm den Bezeichner einer Variablen aufruft, bekommt es Zugriff zum gespeicherten Wert. In gleicher Weise arbeitet die Zuordnungsanweisung, die einer oder mehreren Variablen einen Wert während der Programmausführung zuweist [24, S. 97] und dabei, falls erforderlich, einen früher gespeicherten Wert löscht. Der linke Teil der Abb. 1-2 zeigt dieses Prinzip in schematischer Darstellung. In der Listenverarbeitung können unter einem Bezeichner mehrere Werte gespeichert werden, wobei die einzelnen Werte durch „Zeiger" verknüpft sind. Dies bedeutet, daß mit einem Wert eine Information verbunden ist, die angibt, auf welchem Speicherplatz der nächste Wert dieses Bezeichners steht. Der rechte Teil der Abb. 1-2 zeigt schematisch diese Form der Speicherplatzzuordnung.

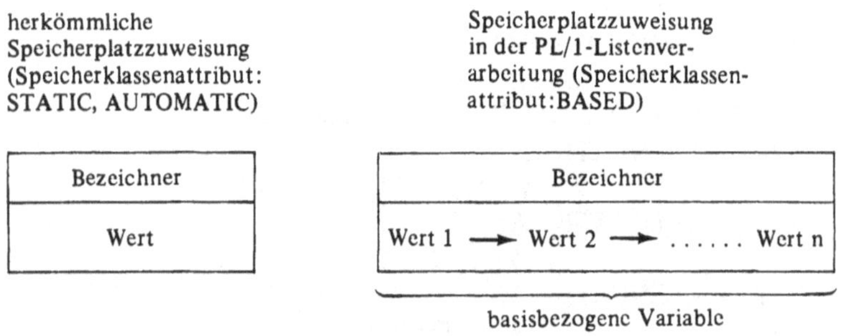

Abb. 1-2. Methoden der Speicherplatzzuweisung in PL/1

Es sollen nun noch wiederholend einige Bemerkungen zum metasprachlichen Element <datenbeschreibung> gegeben werden. Es ist bekannt, daß PL/1 drei Formen der Datenorganisation unterscheidet, nämlich skalare Arbeitsobjekte, in der PL/1-Syntax auch „element" genannt, Bereiche und Strukturen. Dafür drei typische Beispiele:

```
                            Vereinbarungsbeispiel:
<elementbeschreibung>       DECLARE A  BIN  FLOAT(10);
<bereichsbeschreibung>      DECLARE B (5,3)    FIXED;
<strukturbeschreibung>      DECLARE 1  Z,
                                       3  A  CHAR(10),
                                       3  B  FIXED  DEC(6,2),
                                       3  C  FLOAT;
```

* Für Bereiche und Strukturen ist der Wert eines Arbeitsobjektes die Menge der gespeicherten Daten.

Als nächstes soll nun noch aus dem breiten Spektrum der Variablen die Untergruppe <datenklasse> mit den beiden Unterklassen <rechentyp> und <nichtrechentyp> verbal vertieft werden. In dieser Klassifizierung tritt die Unterscheidung in die beiden Hauptkategorien von Arbeitsobjekten zutage, indem alle problemorientierten Programmiersprachen nach vom Programm zu verarbeitenden Objekten, in der Literatur häufig auch „Problemdaten" genannt, und „Programmsteuerungsdaten" unterscheiden. Die weitere Gruppierung der Problemdaten, hier <rechentyp> genannt, entspricht dann dem von uns in der Einführung in Abb. 2-1 gegebenen Entscheidungsbaum [24, S. 34] und soll hier nicht mehr weiter verfolgt werden. Wir interessieren uns jetzt noch für die Klasse <nichtrechentyp> . Dabei ist zu beachten, daß es sich bei diesen Programmsteuerungsdaten um Variable handelt. Sie erhalten wie jede Variable in Zuordnungsanweisungen Werte zugewiesen. Ein repräsentatives Beispiel dafür ist die Markenvariable, die mit Hilfe des Attributs LABEL vereinbart wird [24, S. 29]. Dafür ein kleines Programmierbeispiel:

```
DECLARE A (9)  LABEL;
- - - - - - - - - - - -
DO I = 1  TO 9;
IF  KA = I THEN GOTO A (I);
A  (1) :_ _ _ _ _ _ _ _ _
        .
        .
        .
A  (9) :_ _ _ _ _ _ _ _ _
```

Der Programmierer hat in diesem Fall einen Bereich A definiert, bestehend aus neun Markenvariablen. In Abhängigkeit von der Kartenart „KA", die Lochkarten enthalten, verzweigt das Programm in der IF-Anweisung zu neun möglichen Punkten. In dieser Weise wird ein Programmschalter, auch „CASE-Verzweigung genannt (s. Kapitel 5.2), realisiert, durch den die Programmausführung verschiedene Zweige in einem Programmablaufplan einschlagen kann. Dies zeigt noch folgende symbolische Darstellung:

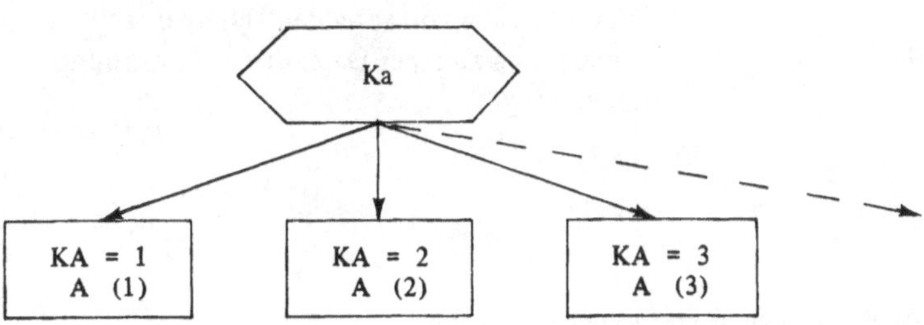

In der strukturierten Programmierung hat dieses Programmelement eine große Bedeutung erlangt. Dieselbe Funktion wie die Programmsteuerungsvariable LABEL hat auf der Prozedurebene die ENTRY-Variable, die durch die beiden Schlüsselworte ENTRY VARIABLE vereinbart wird*. Auch dafür noch ein kleines Programmierbeispiel:

```
                DECLARE U ENTRY  VARIABLE;
                IF KA = '1' THEN U = U_1;
           ELSE IF KA = '2' THEN U = U_2;
           - - - - - - - - - - - - - - - - -
                          CALL U (X,Y);
           - - - - - - - - - - - - - - - - -
      UPRO: PROC (X,Y);
           - - - - - - - - - - - - - - - - -
      U_1 : ENTRY (X,Y);
           - - - - - - - - - - - - - - - - -
      U_2 : ENTRY (X,Y);
```

Je nachdem, welchen Wert die Programmsteuerungsvariable U hat, verzweigt das Programm nach den sekundären Eingangspunkten U_1 oder U_2. In Tab. 1-2 geben wir eine grobe Funktionsbeschreibung aller Programmsteuerungsvariablen. Dabei handelt es sich um acht Datentypen, von denen allerdings im F-Compiler nur fünf zugelassen sind.

Programmsteuerungs-variable	*grobe Funktionsbeschreibung*
1. AREA (Gebietsvariable):	Reservierung von Gebieten für die Zuordnung von basisbezogenen Variablen in der Listenverarbeitung (s. Kap. 3.2)
2. ENTRY (Eingangsvariable)*:	Vereinbarung von Prozedurmarkenvariablen
3. EVENT (Ereignisvariable):	Vereinbarung von Ereignisvariablen für die Multitaskingfunktion (s. Kap. 4.2.1)
4. FILE (Filevariable)*:	Vereinbarung von variablen Dateinamen und Zuordnung zu einer Datei durch Zuordnungsanweisung

* nur im Checkout- und Optimizing-Compiler zugelassen

5. FORMAT (Formatvariable)*:	Vereinbarung von variablen Formaten und Zuordnung von Formatkonstanten, gegebenenfalls durch Attribut LOCAL* auf solche Formatkonstanten eingeschränkt, die nur in demselben Block definiert sind.
6. LABEL (Markenvariable):	Vereinbarung von Markenvariablen, gegebenenfalls zusammen mit der Zuordnung von Markenkonstanten, in der genormten Fassung durch das Attibut LOCAL weiter einschränkbar*
7. LOCATOR (Locatordaten):	Vereinbarung von Lokalisierungsvariablen (Zeiger) in der Listenverarbeitung durch die Attribute POINTER oder OFFSET
8. TASK (Taskdaten):	Vereinbarung von variablen Tasknamen im Multitasking

Tab. 1-2: Programmsteuerungsvariable

1.5 Zusammenfassende Darstellung der Syntax der wichtigsten Anweisungen und Vereinbarungen

Wir wollen in diesem Kapitel zum Nachschlagen für den PL/1-Programmierer die wichtigsten Anweisungen und Vereinbarungen, die in der Einführung und der hier vorgelegten höheren PL/1-Programmierung verwendet werden, zusammenfassend mit den Mitteln der konkreten Sprachsyntax darstellen. Teilweise wird es notwendig sein, kurze Erläuterungen zu geben, die an diesen Stellen dann den Inhalt dieses Bandes vorwegnehmen. Der Leser kann deshalb ohne weiteres dieses Kapitel überspringen. Die formalen Definitionen dieser Zusammenfassung werden manchmal von den in der Einführung benützten abweichen (Beispiele: GET-Anweisung, IF-Anweisung). Der Grund dafür liegt, wie schon herausgearbeitet, in den verschiedenen Zielrichtungen. In diesem Abschnitt steht die formale Eindeutigkeit im Vordergrund zusammen mit dem Wunsch, jede Definition möglichst kurz zu halten; an anderen Stellen überwiegen didaktisch orientierte Darstellungsformen. Falls es Implementierungsabhängigkeiten gibt, werden wir, falls nicht ausdrücklich anders erwähnt, den F-Compiler bevorzugen. Dies bedeutet auch, daß gegenüber der genormten Sprachversion Unterschiede auftreten können. Wir verweisen auch noch einmal auf Tab. 1-1, in der die Symbolik der Syntaxnotation dargestellt ist.

* nicht in der bisher von IBM implementierten Sprache

Diese Zusammenfassung ist in der Weise gegliedert, daß wir mit den *Anweisungen* beginnen und anschließend die *Vereinbarungen* darstellen. Jedes Sprachelement dieser beiden Klassen wird getrennt mit einer Nummer versehen und mit einer Kurzbezeichnung benannt. Fernerhin verweisen wir auf das Kapitel, wo eine genauere Beschreibung zu finden ist. Dabei bedeutet der Buchstabe „E" Einführung [24] und „H" den hier vorliegenden Band. Das Zitat „E.3.4.1" weist also auf das Kapitel 3.4.1 der Einführung hin [24, S. 97 ff.].

A 1 ALLOCATE E.3.5.3, H.3.2

<allocateanweisung> :: =
<allocateanweisungc> | <allocateanweisungb>

<allocateanweisungc> :: =
ALLOCATE [<stufe>] <controllierte variable>
[<dimensionsattribut>] [<attributlist>] [,[<stufe>]
<controllierte variable> [<dimensionsattribut>]
[<attributlist>]] . . .;

<attribut> :: = BIT | CHAR | INIT*

<allocateanweisungb> :: =
ALLOCATE <basisbezogene variable> {[SET (<elementzeiger
variable>)] · [IN (<gebietsvariable>)]} [,<basisbezogene
variable> {[SET (<elementzeigervariable>)] · [IN
(<gebietsvariable>)]}] . . .;

A2 BEGIN E.3.5.1

<beginanweisung> :: =
BEGIN [<ORDER> | <REORDER>];

Anmerkung: zur Bedeutung von ORDER und REORDER s. E.3.5.2

A3 CALL E.3.5.2, H.4.2.1

<callanweisung> :: =
CALL <markenpräfix> [(<übergabeargument> [,<übergabe
argument>] . . .)] [TASK [(<elementtaskbezeichner>)]] · [EVENT
(<elementereignisvariable>)] · [PRIORITY [(<elementausdruck>)]];

<markenpräfix> :: =
<einfaches markenpräfix> | <generischer name>

<generischer name> :: = GENERIC (<eingangsnamenvereinbarung> . . .)

Für den Bereich des F-Compilers gilt:
<eingangsnamenvereinbarung> :: = <entryattribut>

* im Checkout-Compiler noch das AREA-Attribut

Erläuterungen: Das Sprachelement <generischer name> faßt Prozedurmarkenpräfixe unter einem Oberbegriff zusammen, wodurch verschiedene Prozeduren, deren Parameter sich unterscheiden, durch diesen „Gattungsnamen" aufgerufen werden können. Beispiel [15, S. 164]:

```
DCL BEREICH GENERIC
          (BFEST ENTRY (FIXED, FIXED),
          BGLEIT ENTRY (FLOAT, FLOAT),
          BGEM ENTRY (FLOAT, FIXED));
```

Diese Vereinbarung definiert BEREICH als generischen Namen mit den drei Gliedern BFEST, BGLEIT und BGEM. Welche dieser drei Prozeduren beim Aufruf des Namens BEREICH tatsächlich ausgeführt wird, hängt von den übergebenen Argumenten ab.

A4 CLOSE E.3.4.2.3

<closeanweisung> ::=
CLOSE FILE (<dateibezeichner>) [, FILE (<dateibezeichner>)] . . .;

A5 DELAY H.4.2.1

<delayanweisung> ::=
DELAY (<elementausdruck>);

A6 DELETE E.4.2.3

<deleteanweisung> ::=
DELETE {FILE (<dateibezeichner>) · [KEY (<elementausdruck>)] ·
[EVENT (elementereignisvariable)]} ;

A7 *DISPLAY* E.3.4.2.1

<displayanweisung> ::=
DISPLAY (<elementausdruck>) [REPLY (<elementzeichenkettenvariable>)] ·
[EVENT (<elementereignisvariable>)];

Erläuterungen: Mit Hilfe dieser Anweisung kann ein Maschinenbediener auch kleinere Meldungen in die Maschine eingeben. Dazu dient der REPLY-Zusatz, wobei die <elementzeichenkettenvariable> maximal 126 Zeichen lang sein darf (F-Compiler).

A8 *DO* E.3.3, H.5.1

<doanweisung> ::=
DO; | DO WHILE (<elementausdruck>); | DO <laufvariable> =
<spezifikation> [, <spezifikation>] . . . ;

<spezifikation> ::=
<elementausdruck> [TO <elementausdruck> [BY <elementausdruck>] |
BY <elementausdruck> [TO <elementausdruck>]] [WHILE
(<elementausdruck>)]

A9 *END* E.3.5.1, H.1.3.1

<endanweisung> :: =
[<präfix>] END [<markenpräfix>];

Beachte: Abweichend von der üblichen Definition [16, S. 130; 12, S. 38] beziehen wir das Sprachelement „<präfix>" in diese Anweisung mit ein.

A10 *EXIT* H.4.2.3

<exitanweisung> :: = EXIT;

A11 *FREE* E.3.5.3, H.3.2

<freeanweisung> :: =
<freeanweisungc> | <freeanweisungb>

<freeanweisungc> :: =
FREE <controllierte variable> [, <controllierte variable>] . . .;

<freeanweisungb> :: =
FREE [<zeigerkennzeichner> –>] <basisbezogene variable>
[IN (<gebietsvariable>)] [, [<zeigerkennzeichner> –>]
<basisbezogene variable> [IN (<gebietsvariable>)]] . . .;

A12 *GET* E.3.4.2.2

<getanweisung> :: = GET
{[FILE (<dateibezeichner>)] · [COPY] · [SKIP [(<elementausdruck>)]] ·
[DATA [(<datenlisted>)] | LIST (<datenliste>) | EDIT
{(<datenliste>) (<formatliste>)} . . .] } | {STRING (bezeichner
zeichenkette) {DATA [(<datenlisted>)] | LIST (<datenliste>) |
EDIT { (<datenliste>) (<formatliste>)} . . .}} ;

Beachte: Es muß bei der GET-FILE-Version von den vier in eckigen Klammern notierten syntaktischen Ausdrücken mindestens der SKIP-Ausdruck oder der DATA. . .LIST . . . EDIT-Ausdruck angegeben und es darf COPY nur zusammen mit dem FILE-Ausdruck verwendet werden.

A13 *GO TO* E.3.3

<gotoanweisung> :: =
{ GO TO | GOTO} {<markenkonstante> | <elementmarkenvariable>} ;

A14 *IF* E.3.3, H.1.3.1

<ifanweisung> :: =
IF <elementausdruck> THEN { <ausführbarer prozedurteil> |
<balanced teil> ELSE <ausführbarer prozedurteil> }

Beachte: Die Auflösung des in geschweiften Klammern notierten syntaktischen Ausdrucks findet man in H.1.3.1

A15 *LOCATE* E.4.1, H.3.2

<locateanweisung> :: =
LOCATE <basisbezogene variable> {{FILE (<dateibezeichner>)} ·
[SET (<elementzeigervariable>)] · [KEYFROM (<elementausdruck>)]};

A16 *NULL* E.2.3

<nullanweisung> :: = ;

A17 *ON* E.3.4.2.3, H.1.3.1

<onanweisung> :: =
ON <bedingung> [SNAP] { <oneinheit> | SYSTEM;}

A18 *OPEN* E.3.4.2.3

<openanweisung> :: = OPEN <openzusatz> [,<openzusatz>] . . .;

<openzusatz> :: =
FILE (<dateibezeichner>) · [STREAM | RECORD] · [INPUT | OUTPUT |
UPDATE] · [SEQUENTIAL | DIRECT | TRANSIENT] · [BUFFERED |
UNBUFFERED] · [KEYED] · [EXCLUSIVE] · [BACKWARDS] · [PRINT] ·
[TITLE (<elementausdruck>)] · [LINESIZE (<elementausdruck >)] ·
[PAGESIZE (<elementausdruck>)]

A19 *PUT* E.3.4.2.2

<putanweisung> :: =
PUT {[FILE (<dateibezeichner>)] · [SKIP [(<elementausdruck >)]]·
[PAGE] · [LINE (<elementausdruck>)] · [DATA [(<datenlisted>)] |
LIST (<datenliste>) | EDIT {(<datenliste>) (<formatliste>)} . . .]}
| {STRING (<bezeichner zeichenkette>) { DATA [(<datenlisted>)] |
LIST (<datenliste>) | EDIT {(<datenliste>) (<formatliste>)} . . .}} ;

Beachte: Es muß bei der PUT-FILE-Version von den fünf in eckigen Klammern notierten syntaktischen Ausdrücken mindestens einer der letzten vier notiert werden.

A20 *READ* E.3.4.2.5

<readanweisung> :: =
READ{ FILE (<dateibezeichner>) · { INTO (<variable>) | SET
(<elementzeigervariable>) | IGNORE (<elementausdruck>)} ·
[KEY (<elementausdruck>) [NOLOCK] | KEYTO <skalare zeichen
kettenvariable>] · [EVENT (<elementereignisvariable>)]} ;

A21 *RETURN* E.3.5.2

<returnanweisung> :: =
RETURN [(<elementausdruck>)];

A22 *REVERT* E.3.4.2.3

<revertanweisung> :: =
REVERT <bedingung>;

A23 *REWRITE* E.4.2.1, E.4.2.3

<rewriteanweisung> ::= REWRITE
{ FILE (<dateibezeichner>) · [KEY (<elementausdruck>)] · [FROM (<variable>)] · [EVENT (<elementereignisvariable>)] } ;

A24 *SIGNAL*

<signalanweisung> :: =
SIGNAL <bedingung>;

Erläuterung: Diese Anweisung simuliert eine Programmunterbrechung, hervorgerufen durch die notierte Bedingung. In dieser Weise kann der Programmierer die Funktion von ON-Anweisungen testen.

A25 *STOP* H.4.2.3

<stopanweisung> :: = STOP;

A26 *UNLOCK* H.4.2.2

<unlockanweisung> :: =
UNLOCK { FILE (<dateibezeichner>) · KEY (<elementausdruck>) } ;

A27 *WAIT* H.4.2.1

<waitanweisung> :: =
WAIT (<ereignisvariable> [, <ereignisvariable>] . . .)
[(<elementausdruck>)];

A28 *WRITE* E.3.4.2.5

<writeanweisung> :: =
WRITE { FILE (<dateibezeichner>) · FROM (<variable>) · [KEYFROM (<elementausdruck>)] · [EVENT (<elementereignisvariable>)] } ;

A29 *Zuordnungsanweisung* E.3.4.1

<zuordnungsanweisung> :: =
{ <elementvariable> | <bereichsvariable> | <strukturvariable> | <pseudovariable>} [, <elementvariable> | <bereichsvariable> | <strukturvariable> | <pseudovariable>] . . . = <ausdruck>
[,BY NAME];

Es soll nun in gleicher Weise die Syntax der Vereinbarungen formal dargestellt werden. Nach DIN 44 300 ist eine Vereinbarung eine Absprache über in Anweisungen auftretende Sprachelemente [9, S. 5]. Dabei unterscheidet die Syntax von PL/1 zwei Formen von Absprachen, nämlich explizite und implizite. Die explizite Vereinbarung definiert ein Arbeitsobjekt, indem sie es mit einem Namen und individuellen Attributen belegt. Typische Beispiele sind die DECLARE-Vereinbarung und die Prozedurvereinbarung. Die in der Einführung dargestellte und benutzte Form der impliziten Vereinbarung ging von standardisierten Annahmen über die Attribute von Arbeitsobjekten aus. Alle Variablen, deren Bezeichner mit den Buchstaben I bis N beginnt, werden als BIN FIXED(15) interpretiert, während die restlichen Anfangsbuchstaben aus der Untermenge Buchstabenzeichen auf das Attribut DEC FLOAT(6) schließen. Im vollen Sprachumfang (genormte Sprachversion und Checkout-Compiler) ist es nun möglich, mit einer expliziten Vereinbarung (DEFAULT) für einen Block von der Syntax abweichende oder auch zusätzliche implizite Vereinbarungen zu treffen.

Beispiel:

DEFAULT RANGE (T:Z) CHAR VALUE (CHAR(10));

Diese Vereinbarung legt fest, daß abweichend von der üblichen impliziten Vereinbarung alle Variablen mit den Anfangsbuchstaben T bis Z als Zeichenketten (erstes CHAR-Attribut) zu interpretieren sind und zwar mit der Länge „10”. Damit ergibt sich folgender Klassifizierungsbaum für Vereinbarungen:

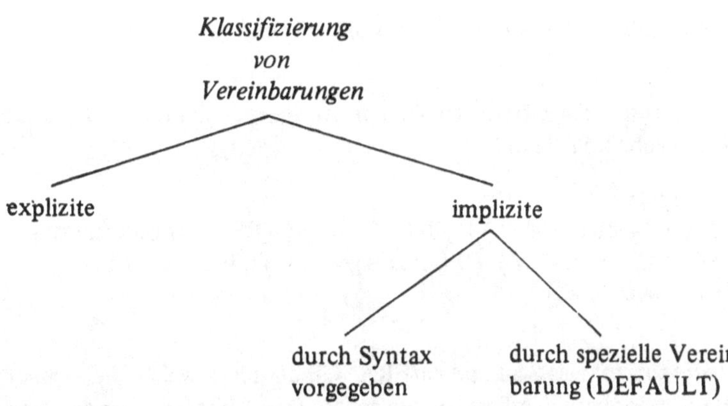

V1 *DECLARE* E.2.3, H.1.3.2

<vereinbarung> ::=
DECLARE <declaration> [, <declaration>] . . .;

<declaration> ::=
[<stufe>] {<bezeichner> | (<declaration> [, <declaration>] . . .)}
[<dimensionsattribut>] [<attribut> . . .]

V2 *DEFAULT* (nur Checkout- und Optimizing-Compiler)

<defaultvereinbarung> :: =
DEFAULT <defaultspezifikation> [, <defaultspezifikation>] . . .;

<defaultspezifikation> :: =
{ (<defaultspezifikation> [, <defaultspezifikation>] . . .) |
{ RANGE {(<bezeichner> | <buchstabenzeichen> : <buchstaben zeichen> [, <bezeichner> | <buchstabenzeichen> : <buchstaben zeichen>] . . .) | (*)}} | DESCRIPTORS [<attributspezifikation>]}
[<attributspezifikation>]

<attributspezifikation> :: =
[<defaultattribut>] . . . [VALUE (<valuespezifikation> [, <value spezifikation>] . . .)

Beachte: Es muß von den beiden in der letzten formalen Definition in eckigen Klammern notierten Ausdrücken mindestens einer angegeben werden, um eine <attributspezifikation> zu konstituieren. Das Sprachelement <defaultattribut> ist eine Untermenge aus <attribut> (s. Kap. 1.3.2), in dem es die 15 Dateiattribute sowie LIKE, ENTRY und RETURNS ausschließt. Weiterhin sind als Defaultattribut die Datenattribute <gebietsgröße>, <genauigkeit> , <maximale länge > und <ziffernanzahl> nicht zugelassen.

Beispiel: DEFAULT RANGE(I : N) BIN FLOAT;

Es wäre falsch, die Ziffernanzahl an dieser Stelle zu definieren. Dazu dient die „Wertangabe". Sie lautet:

<valuespezifikation> ::=
AREA (<gebietsgröße>) | { BIT | CHARACTER} (<maximale länge>) |
{DECIMAL | BINARY} ·{ FIXED <genauigkeit> | FLOAT (<ziffernanzahl>)}

Erläuterungen: Das Schlüsselwort RANGE definiert, welche Bezeichner von der Defaultvereinbarung erfaßt werden sollen. Dabei gibt die Sternnotation an, daß sie sich auf alle Bezeichner bezieht. Wenn ein Programmierer Kettendaten in dieser Weise definiert, muß die Attributspezifikation notiert werden. „DESCRIPTORS" sagt aus, daß alle mit diesem Sprachterm verbundenen Attribute ENTRY-Attribute sind (s. auch [24, S. 158 f.]) und die Parameterattribute einer ENTRY-Attributliste ergänzen. Die <valuespezifikation> hat die Aufgabe, den „Wertebereich" der impliziten Vereinbarungen näher zu spezifizieren. Hierbei ist zu beachten, daß man Zahlenbasis, Schreibweise und Genauigkeit notieren muß.

Beispiele:

```
DEFAULT RANGE (B  :  G)
              VALUE  (DEC  FIXED(5,2), BIN FLOAT(30)),
              RANGE  (H  :  L) EXTERNAL VARYING,
              RANGE  (AREA) AREA,
              RANGE  (M  :  R)
              VALUE  (BIN   FIXED(20,8)),
              RANGE  (ZEIGER)   POINTER;
DCL  E  DEC   FIXED,B  BIN , F   FLOAT,H BIT(10);
```

Der Variablen E, die in diesem Programmausschnitt explizit als dezimale Festpunktzahl definiert wird, ordnet die DEFAULT-Vereinbarung, da sie im Bereich B : G liegt, das Genauigkeitsattribut „(5,2)" zu. Die Variable B, die demselben DEFAULT-Bereich angehört, hat auf Grund ihres Anfangsbuchstabens implizit das Attribut FLOAT und erhält zusätzlich durch die DECLARE-Vereinbarung das Attribut BIN, so daß die Wertangabe BIN FLOAT(30) auf sie zutrifft. Obwohl die nächste Variable der DECLARE-Vereinbarung F in demselben DEFAULT-Bereich wie die beiden vorhergehenden liegt, trifft auf sie die VALUE-Angabe nicht zu; denn sie hat implizit auf Grund ihres Anfangsbuchstabens die Datenattribute DEC FLOAT. Sie fällt also nicht unter eine der oben angegebenen DEFAULT-Vereinbarungen. Hingegen wird „H" auf Grund der Range-Angabe „(H : L) VARYING" als Kettendatum variabler Länge interpretiert, so daß sie in der aktuellen Länge gespeichert wird. Würde ein Programmierer in den nachfolgenden Anweisungen beispielsweise ein Variable „M" ohne explizite Vereinbarung notieren, dann würde die DEFAULT-Vereinbarung „RANGE (M : R) VALUE(BIN FIXED(20,8))" ihr die Genauigkeitsabgabe „(20,8)" zuordnen. Schließlich sollen noch die beiden DEFAULT-Vereinbarungen der Bezeichner „AREA" und „ZEIGER" darauf hinweisen, daß man in dieser Weise ganze Variablenklassen, nämlich „AREA" (s. Kap. 3.2.1) und „ZEIGER" (s. Kap.3.1) durch Anfangsbuchstaben identifizieren kann, indem beispielsweise ein Bezeichner „ZEIGER_1" einen Zeiger implizit definiert.

Beispiel für die Verwendung des Schlüsselwortes „DESCRIPTORS":

```
DEFAULT  DESCRIPTORS  DEC;
DCL  UPRO   ENTRY (FIXED, ,FLOAT);
        CALL  UPRO(A,B,C);
```

Diese DEFAULT-Vereinbarung ordnet auf Grund des Schlüsselworts DESCRIPTORS allen Parameterattributen in einem ENTRY-Attribut das Datenattribut DECIMAL zu, so daß die Variable „A" im Unterprogrammaufruf die Attribute DEC FIXED(5,0) und „C" DEC FLOAT(6) erhält.

V3 *ENTRY* E.3.5.2, H.1.3.1, H.1.4

<entryvereinbarung> :: =
<markenpräfixlist> ENTRY [(<parameter> [, <parameter>] . . .)]
[RETURNS (<funktionsattribut> . . .)];

Beachte: In einer Entryvereinbarung darf also kein Bedingungspräfix notiert werden.

V4 *FORMAT* E.3.4.2.2.1, H.1.3.1

<formatvereinbarung> :: =
FORMAT (<formatlist>);

V5 *PROCEDURE* E.3.5.1, H.4.1

<prozedurvereinbarung> :: =
PROCEDURE [(<parameter> [, <parameter>] . . .)]
{[OPTIONS (<optionslist>)] · [RECURSIVE] · [RETURNS (<funktionsattribut> . . .)] · [ORDER | REORDER]};

<optionslist> :: = MAIN | REENTRANT | TASK

Beachte: OPTIONS (<optionslist>) sowie RECURSIVE gilt auch für die sekundären Eingangspunkte einer Prozedur.

Übungsaufgaben

1.1 Es ist durch Anwendung der formalen Sprachsyntax zu zeigen, daß ein Programmierer in einem PL/1-Programm folgende Vereinbarung notieren darf:

```
DECLARE (((D BINARY,C DECIMAL)  FIXED(15,5) CONTROLLED,
             E INITIAL ((4)  987.65)   UNALIGNED,F) (2 : 5);
```

Insbesondere ist auch zu prüfen, ob die Klammern syntaktisch richtig gesetzt wurden.

1.2 Sind folgende Vereinbarungen für eine Bereichsvariable zulässig?

```
DCL A DECIMAL FIXED (5,3) (10,10);
DCL (B DECIMAL FIXED (5,3)) (10,10);
```

1.3 Geben Sie bitte für die folgenden Programme die Ergebnisse der Druckanweisungen an und verbessern Sie gegebenenfalls fehlerhafte Anweisungen (Längen von Prozedurmarken sollen dabei vernachlässigt werden).

```
ALLOCAT_1:  PROC  OPTIONS (MAIN);
            DCL  (A CHAR(10)  INIT ('ABRAHAM'),
                  B CHAR(5)   INIT ('BERTA'),
                  C CHAR(20))  CTL;
            PUT  LIST(A,B);
            ALLOCATE A,B,C;
                  C  =  A || B;
                  A  =  'FRITZ';
                  B  =  'ANNA';
            PUT  LIST(C,A,B);
            FREE  A,B;
            PUT  LIST(A,B);
            END ALLOCAT_1;
ALLOCAT_2:  PROC  OPTIONS(MAIN);
            DCL   (A  CHAR(8)   INIT('ABRAHAM'),
                   B  CHAR(5)   INIT('BERTA')) CTL;
            ALLOCATE  A,B;
            ALLOCATE  A INIT('ADOLF'),B INIT('PAULA');
            ALLOCATE  A,B;
                A,B = 'FELIX';
            CALL VPRO(A,B);
                  END  ALLOCAT_2;
VPRO:       PROC (A,B);
            DCL (A,B)  CHAR(*)  CTL;
            PUT  LIST(A,B):
            FREE A,B;
            PUT  LIST(A,B);
            FREE  A,B;
            PUT  LIST(A,B);
            FREE  A,B;
            PUT  LIST(A,B);
                  END VPRO;
```

1.4 Ist folgende ALLOCATE-Anweisung zugelassen?

```
ALLOCATE A(2,3) CHAR(10) STATIC EXTERNAL ALIGNED
VARYING  INITIAL  ((6) 'ABC');
```

1.5 Läßt die Sprachsyntax von PL/1 folgende Anweisungsfolge zu?

```
I  =  2;
DO I = I*2  BY 2  =  TO  I*10,I*15  BY  4  TO  100.987;
- - - - - - - - - - - - - - - - - - - - - - - - - - - -
                  END;
```

1.6 Ist folgende DO-Anweisung zulässig?

```
DO I = 100 BY 100;
```

1.7 Läßt die Sprachsyntax von PL/1 folgende Vereinbarung zu?

```
DCL UPRO1 ENTRY(FIXED(5) UNALIGNED CONTROLLED,,
FIXED(5));
```

1.8 Geben Sie bitte die Datenattribute an, die den PUT-Anweisungen im nachfolgenden Programmausschnitt zugrundegelegt werden:

```
UEB: PROC;
     DEFAULT  RANGE(E)  VALUE(DEC FIXED(5,2)),
              RANGE(I)  BIN  FLOAT,
              RANGE(N)  VALUE(BIN  FLOAT(21)),
              RANGE (K) BIT VALUE(BIT(10)) VARYING
                        EXTERNAL;
                     E = 123.45;
                     I = 987.55;
                     N = 987.55;
                     K = '101';
                     PUT DATA(E,I,N);
                     CALL PUT;
                     END UEB;
PUT: PROC;
     DEFAULT  RANGE(K)  BIT  VALUE(BIT(10)) VARYING
              EXTERNAL;
                     PUT DATA(K);
                     END PUT;
```

1.9 Eliminieren Sie bitte die Fehler in der nachfolgenden DEFAULT-Vereinbarung:

```
DEFAULT RANGE(A : F)  VALUE DEC FIXED,
        RANGE(AREA)  AREA(5000),
        RANGE(G : M)  VALUE(BIT(20)),
        DESCRIPTORS  UNALIGNED BIN VALUE(FIXED (31),
        FLOAT(15));
```

2. Datenkonvertierungen

2.1 Grundlagen: Datendarstellung und Datenspeicherung

Die Syntax der problemorientierten Programmiersprache PL/1 läßt ein breites Spektrum von Datenklassen zu, das bei den beiden Hauptkategorien Kettendaten und arithmetischen Daten beginnt, sich dann zu Bitketten und Zeichenketten bzw. Dezimalzahlen und Dualzahlen verzweigt und für arithmetische Daten weiter differenziert zwischen einer Festpunktdarstellung und einer Gleitpunktdarstellung. Jede dieser Datenklassen hat ihre besonderen Vorteile und Nachteile. Es ist deshalb naheliegend, daß die Syntax einer höheren Programmiersprache in einem informationellen Arbeitsprozeß gleichzeitig verschiedene Datenklassen zuläßt. Wir kommen damit zum Problem, daß in Anweisungen Operanden verschiedenartige Datenattribute aufweisen und deshalb im Arbeitsprozeß eine Vereinheitlichung vorgenommen werden muß, damit das Ergebnis eindeutig ist. Die PL/1-Terminologie nennt diesen Prozeß *Datenkonvertierung.* Er nimmt in dieser Programmiersprache einen breiten Raum ein, worin sich PL/1 von anderen Programmiersprachen unterscheidet. Da die Regeln, die der Programmierer bei Datenkonvertierungen beachten muß, für den Anfänger oft schwer verständlich sind, haben wir in der Einführung in PL/1 [24] aus didaktischen Gründen diesen Gegenstand weitgehend vernachlässigt. Um aber auch diesen Aspekt von PL/1 voll ausschöpfen zu können, erscheint es uns an dieser Stelle nun notwendig, diesen Teil der Sprachsyntax nachzuholen.

Bevor der Problemkreis der Datenkonvertierung untersucht wird, ist es aber zunächst notwendig, einige Fakten über die Speicherung von Arbeitsobjekten, insbesondere die Darstellung von Variablen im Hauptspeicher, zusammenzustellen. Natürlich hat eine problemorientierte Programmiersprache im Gegensatz zur maschinenorientierten Programmierung nicht die Aufgabe, maschineninterne Vorgänge zu beschreiben. Da aber jeder Speicher nur eine endliche Ausdehnung hat, ist zwangsläufig auch der Wertebereich der Arbeitsobjekte beschränkt. Damit in einem informationellen Prozeß keine Information verloren geht, muß der Programmierer auch in einer höheren Programmiersprache die Genauigkeit von Verarbeitungsanweisungen kennen und beachten. Wir kommen damit zur Datendarstellung in der Programmiersprache PL/1, die auf die Speicher- und Registerkonzeption des IBM-Systems /360 zurückgeht, wo diese Sprache zum ersten Mal implementiert wurde. Es ist bekannt, daß der Hauptspeicher dieses Systems eine Bytestruktur aufweist. Ein Byte besteht aus acht Informationsbits, die Daten in einem 8-Bit-Code (EBCDIC-Code) darstellen. Numerische Arbeitsobjekte können gepackt gespeichert werden. Eine Dezimalziffer nimmt dabei ein Halbbyte (4

Bits) ein. Alle vom Programmierer in PL/1 als *dezimale Festpunktzahlen* vereinbarten Daten werden in dieser Form gespeichert. Weiterhin ist der Hauptspeicher der IBM-Systeme /360 und /370 nach einem hierarchischen Organisationsprinzip strukturiert, das beim Byte beginnt und über die Speicherformate Halbwort (2 Bytes), Wort (4 Bytes) bis zum Doppelwort (8 Bytes) läuft. Damit ist aber auch bereits die maximale Ausdehnung der vom Hauptspeicher aufzunehmenden numerischen Objekte gegeben. Ihre maximale Länge ist acht Bytes (ein Doppelwort). Dies bedeutet für die dezimale Festpunktdarstellung, die als erste hier zu behandeln ist, daß die Ziffernanzahl des Genauigkeitsattributes einer Vereinbarung (Faktor „p") maximal 15 Dezimalstellen umfassen kann, wobei noch zu berücksichtigen ist, daß das Vorzeichen ein Halbbyte beansprucht (s. Abb.2-1). Dezimalzahlen, die kürzer sind, nehmen weniger Bytes in Anspruch. Dabei ist die kleinste, von Daten belegte Speicherstelle, ein Byte. Daraus folgt, daß wegen der Vorzeichenstelle (ein Halbbyte) immer eine ungeradzahlige Anzahl von Halbbytes mit Dezimalziffern belegt ist. Vereinbart ein Programmierer einen geradzahligen Faktor „p", dann bleibt ein Halbbyte frei, in das die Dezimalziffer Null gespeichert wird (s. Beispiel für „DEC FIXED" in Abb. 2-1). Die interne Datenlänge, gerechnet in Bytes, ist dann gegeben durch die PL/1-Funktion FLOOR ((p + 2)/2). Die Ausrichtung numerischer Daten in einem Speicherwort erfolgt rechtsbündig. Dies bedeutet, daß das höchste Halbbyte gegebenenfalls eine dezimale Null automatisch zugewiesen bekommt.

Um gespeicherte Arbeitsobjekte unmittelbar sichtbar zu machen, stellt PL/1 die Kettenfunktion UNSPEC zur Verfügung, die in Form einer Bitkette die maschineninterne Darstellung einer Variablen anzeigt. Um die letzten Ausführungen noch weiter zu vertiefen, soll das Zahlenbeispiel der Abb. 2-1 für den Vereinbarungstyp DEC FIXED mit Hilfe der Funktion UNSPEC binär dargestellt werden. Dazu dient folgende Vereinbarungs- und Anweisungsfolge:

```
DCL A DEC  FIXED(6,3)  INITIAL (654.321);
     PUT  LIST(UNSPEC(A));
```

Der Drucker gibt auf Grund der PUT-Anweisung folgende Bitkette aus:

'0000 0110 0101 0100 0011 0010 0001 1100'B*

Die letzte Bitkombination „*1100*" stellt das positive Vorzeichen dar (negatives Vorzeichen: 1101). Diese Form der wortorganisierten Datenspeicherung wirkt sich natürlich auf die Rechenoperationen der dezimalen Festpunktarithmetik aus. Ist der Faktor „p" eine gerade Zahl, dann ist die wirkliche Genauigkeit, mit der gerechnet wird, gegeben durch „p + 1". Es kann damit eine, vom Programmierer nicht gewünschte Ziffer in der höchsten Stelle des Ergebnisses auftreten, die den unerfahrenen Programmierer überrascht.

* Der einstellige Zwischenraum wurde in diesem Beispiel nur aus Übersichtlichkeitsgründen von uns eingefügt.

Attribut	interne Datendarstellung	Vereinbarung	interne Länge	maximale Länge	Beispiel	Standard-Speicherausrichtung
DECIMAL FIXED	gepackt, d.h. eine Dezimalziffer als ein Halbbyte, Vorzeichen ebenfalls ein Halbbyte	(p , q) Standard: (5,0)	$\frac{p}{2}+0{,}5$ aufrunden auf ganze Zahl (Bytes)	15 signifikante Ziffern $-128 < q < +127$	DCL A FIXED (6,3) |06|54|32|1V| |__|: ein Byte	ALIGNED auf Bytegrenze
BINARY FIXED	duale Festpunktzahl, d.h. jede Dualziffer als ein Bit gespeichert, Vorzeichen eigenes Bit ("0":+,"1":–)	(p , q) bezogen auf Dualziffern Standard:(15)	feste Wortlänge $p \leq 15$ ergibt 2 Bytes $p > 15$ ergibt 4 Bytes	31 Bits (zusätzlich Vorzeichen) $-128 < q < +127$	DCL B BIN FIXED (6) |V|0|0|0|0|0|1|0|0|0|1|1| Bit: 0 1 2 3 4 . 10 11 12 13 14 15 rechtsbündig gespeichert	ALIGNED auf Halbwort (2 Bytes) oder Ganzwort (4 Bytes)
BINARY FLOAT	Mantisse: hexadezimal Exponent: dual zur Basis 16 $Z_{Gl} = \pm M \cdot 16^{e+64}$ $-64 \leq e \leq +63$	(p) p: Mantissenlänge in Dualziffern (Bits) Standard: (21)	$p \leq 21$ ergibt 21 Bits $21 < p \leq 53$ ergibt 53 Bits	(53) $2^{-260} \leq \|Z_{GL}\| \leq 2^{+252}$	DCL C BIN FLOAT (53) |V|1|0| |1|1|1| | | | 0 1 2 7 8 60 61 62 63 K M	ALIGNED auf Ganzwort ($p \leq 21$) oder Doppelwort ($p > 21$)
DECIMAL FLOAT	wie BINARY FLOAT	(p) p: Anzahl signifikanter Dezimalziffern Standard: (6)	$p \leq 6$ ergibt 21 Bits $6 < p \leq 16$ ergibt 53 Bits	(16) $2{,}4 \cdot 10^{-78} \leq \|Z_{GL}\| \leq 7{,}2 \cdot 10^{75}$		ALIGNED auf Ganzwort ($p \leq 6$) oder Doppelwort ($p > 6$)

Abb. 2-1. Interne Darstellung von arithmetischen Daten im IBM-System /360

Als *duale Festpunktzahlen* vereinbarte Arbeitsobjekte speichert der F-Compiler als Halbwort (2 Bytes = 16 Bits, davon 1 Vorzeichenbit)* oder Wort (4 Bytes = 32 Bits, davon 1 Vorzeichenbit). Nach dieser Definition wird jede duale Festpunktvariable, die weniger als 15 Bits (ohne Vorzeichen) lang ist, immer mit einer Länge von zwei Bytes maschinenintern dargestellt. Der Speicherprozeß beginnt rechtsbündig. Abb. 2-1 zeigt ein Zahlenbeispiel, bei dem die Dualzahl nur aus sechs Dualziffern besteht, trotzdem aber ein Halbwort belegt. Das höchste Bit ist die Vorzeichenstelle. Negative Dualzahlen werden in Form des Zweierkomplements gespeichert. So würde beispielsweise der Kompilierer die Dezimalzahl – 2 9 6 9 6 in folgende Bitkombination umsetzen:

'1000110000000000'B

Wir kommen jetzt zur internen Darstellung von dezimalen und dualen *Gleitpunktzahlen,* auf die immer dann zurückgegriffen werden muß, wenn große Unterschiede im Maßstab der einzelnen Arbeitsobjekte auftreten. Die Gleitpunktrechnung beruht bekanntlich auf einer halblogarithmischen Zahlendarstellung, bei der die Mantisse (M) die signifikanten Ziffern erhält und der Exponent (e) die Stellung des Radixpunktes angibt. Sie werden in PL/1 je nach vereinbarter Datenlänge in einem Wort oder Doppelwort des Hauptspeichers abgelegt. Unabhängig von der Zahlenbasis wird die Mantisse immer hexadezimal dargestellt, wobei sie 21 Bits (Gleitpunktdarstellung mit einfacher Genauigkeit) oder 53 Bits (Gleitpunktdarstellung mit doppelter Genauigkeit) lang sein kann. Jeweils vier Bits bilden eine Hexadezimalziffer, wobei allerdings drei Bits der niedrigsten Hexadezimalziffer im Grenzfall, d.h. bei maximaler Ausnutzung eines Doppelwortes, nicht ausnutzbar sind . In dieser Weise kommt die nicht durch Vier teilbare Anzahl von Bits für die Mantissendarstellung zustande. Man sieht dies am besten, indem man zweimal die Kettenfunktion UNSPEC als Pseudovariable anwendet:

```
DCL (A,B) BIN FLOAT(53),_ _ _ _ _;
UNSPEC(A) = '01'B  ||  (31)'11'B;
UNSPEC(B) = '01'B  ||  (29)'11'B  ||  '1000'B;
```

Mit der Anweisung PUT DATA würden folgende Ergebnisse ausgegeben werden:

```
A = 7.237005577332260E+75;
B = 7.237005577332260E+75;
```

Unter Berücksichtigung des Vorzeichens einer Gleitpunktzahl stehen für den Exponenten e noch sieben Bits zur Verfügung. Wie Abb. 2-1 zeigt, wird er ebenfalls hexadezimal dargestellt. Fernerhin ist es üblich, den Exponenten in der Form zu

* Positive Zahlen werden durch das Bit Null und negative Zahlen durch Eins dargestellt.

speichern, daß man zu ihm eine Konstante K_0 addiert. In dieser Weise wird vermieden, daß für den Exponenten, der auch negativ sein kann, ein Vorzeichen gespeichert werden muß. Der in dieser Weise veränderte Exponent heißt Charakteristik oder Kennzahl (K):

$$K = e + K_o$$

Für das IBM-System /360 hat K_o den Wert 64. Der Exponent e darf dann dezimal ausgedrückt, im Zahlenbereich liegen (s. Abb. 2-1):

$$-64 \leqslant e \leqslant +63$$

Die Charakteristik K kann also Werte zwischen 0 und 127 (2^7-1) annehmen.

Die Form der Gleitpunktdarstellung, wie sie PL/1 benutzt, ist zweifellos nicht leicht durchschaubar. Es soll deshalb noch ein Zahlenbeispiel die vorangegangenen Ausführungen vertiefen. Gegeben sei die Dezimalzahl 746.5, die als Gleitpunktzahl zu speichern ist. Da die Mantisse hexadezimal darzustellen ist, muß als erstes diese Zahl in die hexadezimale Zahlendarstellung umgesetzt werden (s. auch Aufgabe 3 in [24, S. 137]). Es gilt*:

$$746.5 = 2EA.8$$

Als nächstes ist diese gebrochene Hexadezimalzahl auf den gedachten Radixpunkt auszurichten:

$$2EA.8 = .2EA8 \cdot 16^3$$

Die binäre Darstellung der Mantisse ist damit die Bitfolge:

M = 0010 1110 1010 1000**

Aus dem Exponenten 3 ergibt sich die Kennzahl K:

$$K = 3 + 64 = 67$$

K_{dual}: 1000011

Damit lautet schließlich die Gleitpunktdarstellung in einfacher Genaugkeit:

0 1000011 | 0010 1110 | 1010 1000 | 00000000

Durch die Unterstreichung wurde angedeutet, in welcher Weise sich die Bits auf die vier Bytes verteilen.

* z.B. durch Anwendung des Hornerschemas [23, S. 62]

** Die Zwischenräume wurden nur aus Übersichtlichkeitsgründen eingefügt. Jeweils vier Bits verkörpern eine Hexadezimalziffer.

Analog zur Klassifizierung von Arbeitsobjekten in die beiden Hauptklassen arithmetische Daten und Kettendaten, muß nun noch die interne Datendarstellung für diese zweite Klasse diskutiert werden (s. Abb. 2-2). Es sind sechs Unterklassen zu unterscheiden:

1. Zeichenketten mit fest vereinbarter Länge
2. Zeichenketten variabler Länge (Kettenattribut VARYING)
3. Bitketten mit fest vereinbarter Länge
4. Bitketten variabler Länge (Kettenattribut VARYING)
5. mit PICTURE-Attribut vereinbarte numerische Ketten
6. mit PICTURE-Attribut vereinbarte Zeichenketten.

Jedes Zeichen einer *Zeichenkette* belegt ein Byte im Hauptspeicher. Die Speicherungsrichtung geht von links nach rechts, wobei von einem Arbeitsobjekt nicht benötigte Bytes mit Zwischenraumzeichen aufgefüllt werden. Das am weitesten links stehende Byte hat keine Ausrichtung auf eine Wort- oder Doppelwortgrenze, wofür die Sprachsyntax das Datenattribut „UNALIGNED" vorsieht. Es wird als Standardannahme für Zeichenketten und Bitketten unterstellt, so daß der Programmierer in diesen beiden Fällen dieses Datenattribut nicht explizit notieren muß. Wie schon der Name sagt, gibt es an, daß ein Arbeitsobjekt unmittelbar nach dem vorhergehenden ohne Zwischenraum gespeichert werden soll. *Bitketten* unterscheiden sich von Zeichenketten in der Datendarstellung zunächst darin, daß ein Byte acht Bits aufnimmt. Weiterhin reduziert sich die Ausrichtung von Byte- auf Bitgrenzen, wobei das am weitesten links stehende Bit adressiert wird. Wenn bei der Zuweisung eines Arbeitsobjektes zu einer Bitkettenvariablen das Arbeitsobjekt weniger Speicherplatz in Bits gerechnet in Anspruch nimmt als der Programmierer vereinbart hat, dann werden die freibleibenden Stellen rechts mit dem Binärzeichen Null aufgefüllt. Um Speicherplatz zu sparen, sollte der Programmierer Zeichen- und Bitketten variabler Länge mit dem Attribut VARYING definieren. Dann ist die aktuelle Länge eines Arbeitsobjektes im Speicher gegeben durch die Ausdehnung des Wertes, der im Programm diesem Objekt zugewiesen wurde. Die Verarbeitung von Kettendaten variabler Länge benötigt also Informationen, die sowohl die maximal vom Programmierer festgelegte Länge eines Arbeitsobjektes als auch die aktuelle Länge angeben. Für einen solchen Fall erstellt der Kompilierer einen „Dopevektor" (s. Abb. 2-2). Es ist nicht notwendig, daß er im Speicher bei den Arbeitsobjekten steht, die er beschreibt. Im allgemeinen wird dieser Vektor aber Speicherplatz der gleichen Speicherklasse belegen. Dopevektoren kommen aus der Theorie der Datenstrukturen her und zwar der Beschreibung mehrdimensionaler Felder [*20, S. 76*]. Sie haben generell die Aufgabe, Speicherworte fester Länge mit variabel langen Daten so zu belegen, daß möglichst wenig Speicherplatz verschenkt wird.

Wir kommen jetzt zum unteren Teil der Abb. 2-2, den Daten, die ein Programmierer mit dem PICTURE-Attribut definiert. Es handelt sich dabei entweder um

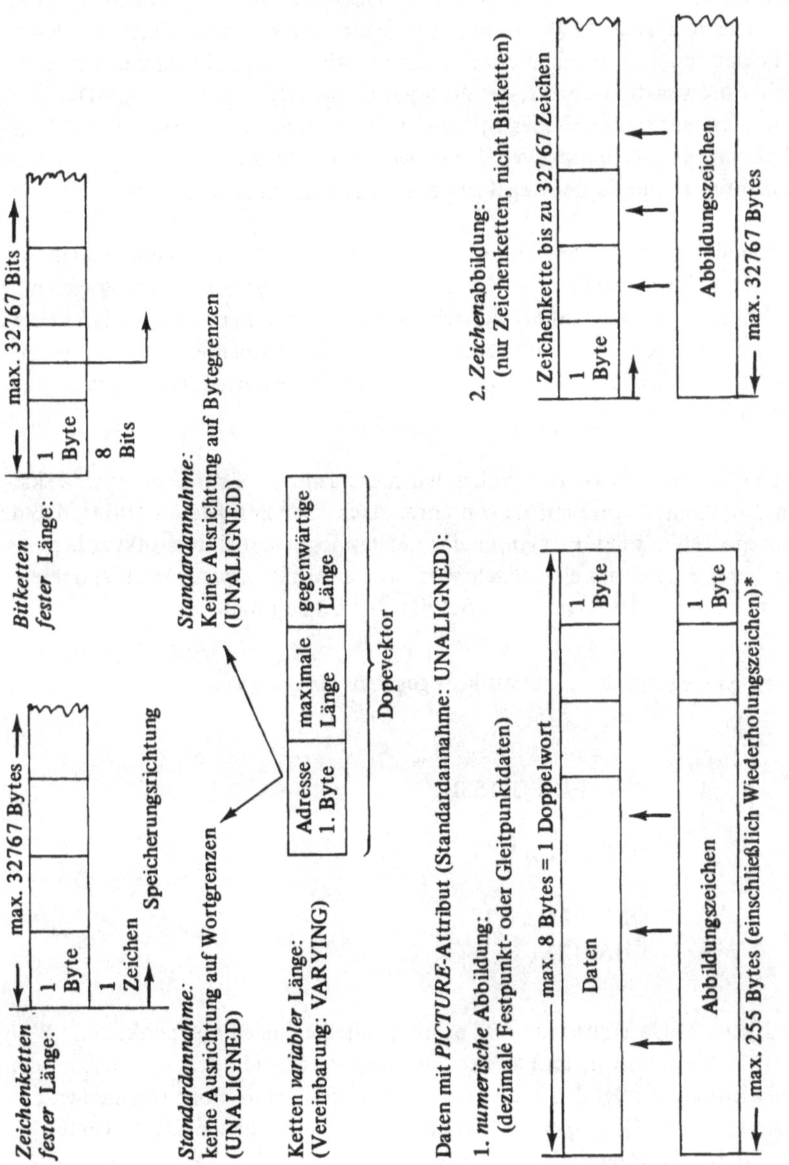

Abb. 2-2. Interne Darstellung von Kettendaten im IBM System /360

* im F-Compiler

numerische Zeichendaten oder reine Zeichenketten, die durch Abbildungszeichen Stelle für Stelle „bildlich" beschrieben werden. Jedes Abbildungszeichen gibt dabei an, welcher Untermenge des PL/1-Zeichenvorrats das entsprechende Kettenzeichen angehört [24, S. 36]. Zur Speicherung solcher Daten werden zwei Felder benötigt, nämlich ein Feld für die Abbildungszeichen und ein zweites Feld für das Arbeitsobjekt, das die Abbildungszeichen beschreiben. Die Strukturierung dieses zweiten Feldes entspricht der Struktur des zugewiesenen Wertes. Das Feld mit den Abbildungszeichen ist wegen der Zeichen, die in das Arbeitsobjekt einzufügen sind, in der Regel länger als das beschriebene Objekt.

Es wurde bisher nur das Speichern skalarer Arbeitsobjekte in Elementvariablen beschrieben. Wir müssen nun noch kurz auf Bereiche und Strukturen eingehen. Der Kompilierer implementiert Bereichsvereinbarungen in der Weise, daß er die Zeilen eines Bereichs sequentiell abspeichert. Ist die Ausdehnung eines Bereichs variabel (Sternnotation), dann legt er für diesen Bereich wiederum einen Dopevektor an.

Das Speichern von *Strukturen* wollen wir hier nur in der Grundkonzeption skizzieren. Der Kompilierer baut sie von unten nach oben auf. Dies bedeutet, daß der Speicherprozeß mit den Elementen der tiefsten logischen Unterstruktur beginnt, wobei dieser Prozeß nur ein gedachter ist. Dabei werden jeweils zwei Variable zusammengesetzt, die im nächsten Schritt eine Einheit bilden.

Beispiel: Es sei folgende Unterstruktur gegeben [16, S. 165]:

```
2 M,
  3 N,
    4 P BIN  FIXED(15,0),
    4 Q CHAR(5),
    4 R DEC  FLOAT(2),
  3 S,
    4 T DEC  FLOAT(15),
    4 U CHAR(2);
```

Der Aufbau der Unterstruktur „N" beginnt mit der dualen Festpunktzahl „P". Nach Abb. 2-1 nimmt sie im Fall des Faktors p = 15 zwei Bytes im Speicher ein. Die Ausrichtung erfolgt dabei auf Halbwortgrenze. Unmittelbar anschließend wird die Variable „Q" gespeichert; denn Zeichenketten haben das Attribut UNALIGNED. Es folgt die dezimale Gleitpunktgröße „R", die auf eine Wortgrenze ausgerichtet werden muß. Aus Abb. 2-1 resultiert für diese Größe ein Speicherbedarf von vier Bytes ($p < 6$), so daß sich diese beiden Schritte in folgendem Schema darstellen lassen (Ziffern numerieren Bytes):

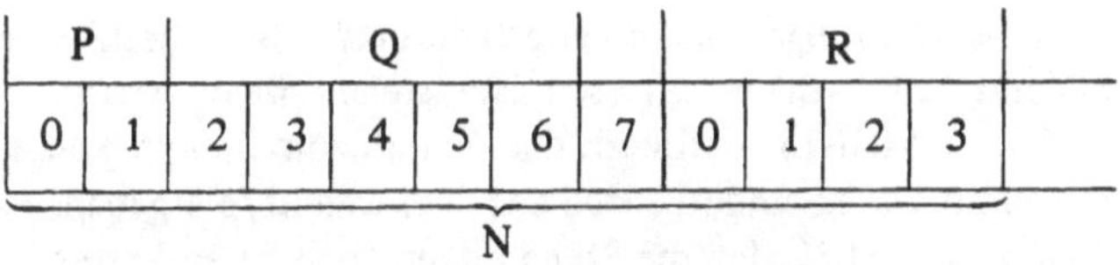

Das Byte „7" im ersten Doppelwort bleibt bei dieser Strukturierung frei. Anschließend wird in gleicher Weise die Unterstruktur „S" aufgebaut:

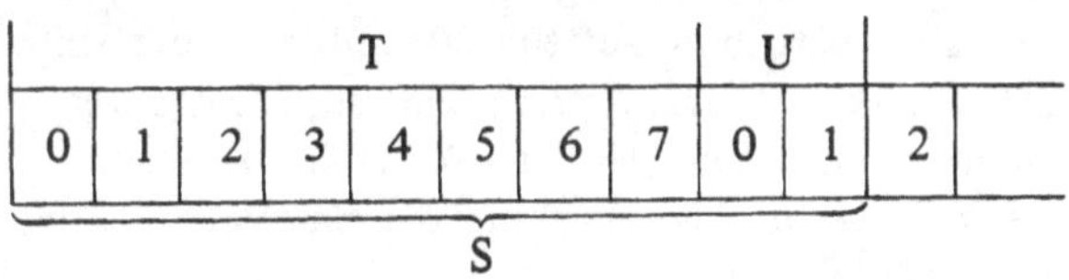

Im nächsten Schritt ist die Unterstruktur „M" zu bilden. Da in dieser Modellvorstellung „S" zeitlich nach „N" gespeichert wurde, steht diese Unterstruktur rechts von „N" im Hauptspeicher. „S" beginnt im Byte „0" eines Doppelwortes, so daß zwischen N und S ein Zwischenraum von vier Bytes klafft. Beide Unterstrukturen werden nun paarweise zusammengesetzt, wobei der erste Teil (N) so weit an den zweiten heranzuschieben ist, wie die Ausrichtungserfordernisse des ersten Teils (Wortgrenzen) es zulassen. In unserem Beispiel ergibt sich bei dieser Paarbildung folgende Sequenz für die Unterstruktur „M":

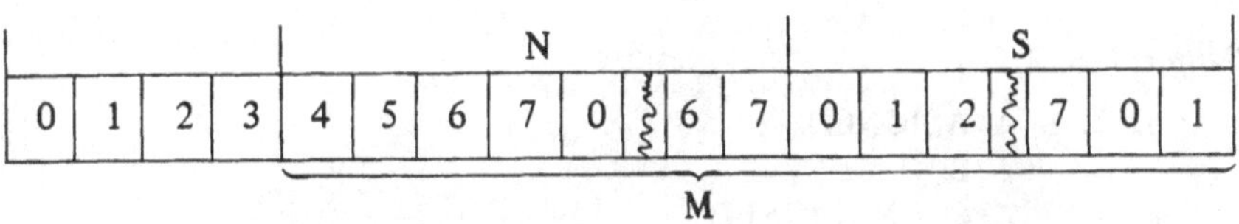

Diese schematische Darstellung zeigt, daß die Unterstruktur „N" um ein Wort nach rechts an „S" herangeschoben wurde. Je nach der Art der gespeicherten Arbeitsobjekte können Bytes frei bleiben. Würde beispielweise eine weitere Unterstruktur mit der hierarchischen Stufe „2" ein Doppelwort einnehmen und würde sie auch auf Doppelwortgrenzen auszurichten sein, wie bei DEC FLOAT (16), so blieben die Bytes 0 bis 3 links von „N" frei.

Diese Situation kann der Programmierer nun dadurch verbessern, daß er das Attribut UNALIGNED vergibt. Der Kompilierer richtet dann Bitketten, wie schon dargelegt, nicht mehr auf Byte- sondern auf Bitgrenzen aus. Alle anderen Arbeitsobjekte beginnen an Bytegrenzen und nicht mehr an Wort- oder Doppelwortgrenzen, so daß, falls eine Struktur Bitketten enthält, höchstens noch Bits freibleiben, aber keine Bytes mehr. Auf unser obiges Beispiel bezogen bedeutet dies, daß in der Unterstruktur „N" das freigebliebene Byte „7" dann von Daten belegt wird, wenn in dieser Struktur für die Variable R das Attribut UNALIGNED vergeben wird. Zum Abschluß dieser Ausführungen sind nun noch die beiden Speicherklassenattribute UNALIGNED und ALIGNED geschlossen darzustellen. Beide Attribute haben einen inversen Effekt. ALIGNED definiert, daß Variable im Hauptspeicher auf die Speichergrenzen auszurichten sind, die sich aus dem Datentyp ergeben. Dabei unterstellt die Syntax von PL/1, daß die Standardannahme für Bitketten, Zeichenketten und mit dem PICTURE-Attribut dargestellte numerische Ketten UNALIGNED ist. Für alle anderen Klassen von Arbeitsobjekten gilt die Standardannahme ALIGNED. In diesem Zusammenhang ist auch die Frage relevant, wie sich diese beiden Speicherklassenattribute auf eine Vereinbarung mit Hilfe des Schlüsselwortes „LIKE" auswirken. Dieses Attribut gibt an, daß die mit ihm vereinbarte Struktur (Hauptstruktur oder Unterstruktur) den gleichen organisatorischen Aufbau besitzt wie diejenige Struktur, die eine Vereinbarung mit diesem Schlüsselwort zitiert [24, S. 50].

Beispiel:

```
DCL 1 A LIKE B;
```

Durch diese Vereinbarung legt der Kompilierer eine Hauptstruktur „A" mit den gleichen Unterstrukturen und Elementen wie „B" an. Die Frage ist natürlich, wie sich „A" hinsichtlich der Ausrichtung von Speicherobjekten in „B" verhält. Hier besagt die Syntaxregel, daß nur diejenigen ALIGNED- und UNALIGNED-Attribute von „B" nach „A" übertragen werden, die der Programmierer explizit für Unterstrukturen und Elementvariable notiert hat.

Beispiel [16, S. 90]:

```
DCL 1 A ALIGNED,
      2 B,
      2 C UNALIGNED,
        3 D;
DCL 1 U LIKE A;
```

Die LIKE-Vereinbarung führt dazu, daß in der kopierten Struktur „U" die Unterstruktur „C" das Attribut UNALIGNED erhält. Sie überträgt aber nicht das Attribut ALIGNED der Hauptstruktur „A" auf „U". Natürlich kann man eine Hauptstruktur in der LIKE-Vereinbarung mit einem speziellen Speicherklassenattribut versehen.

Beispiel:

```
DCL 1 U ALIGNED LIKE A;
```

Diese Vereinbarung legt nun explizit fest, daß die Hauptstruktur „U" wie „A" das Attribut ALIGNED erhält.

Es wurde schon in der Einführung kurz erwähnt, daß das DEFINED-Attribut die inverse Funktion zu LIKE hat [24, S. 50]. Wir müssen dieses Attribut jetzt noch detailliert darstellen. Wir gehen zu diesem Zweck von der formalen Definition des Abschnitts 1.3.2 für dieses Attribut aus und kommen dabei zu einer weiteren Dataillierung:

DEFINED <basisbezugnahme>

<basisbezugnahme> :: = <einfache bezugnahme> |
<isub bezugnahme> | <kettenbezugnahme>

<einfache bezugnahme> :: =
<elementvariable>* | <bereichsvariable>** | <strukturvariable>**

Beispiel:

```
DCL A(5) UNALIGNED FIXED INIT(1,2,3,4,5),
    B(5) UNALIGNED FIXED DEFINED (A),
    C BIT(24) DEFINED A(3);
```

In diesem Beispiel überlagert der Bereich „B" den Bereich „A" und das Element „C" das Element „A(3)"***. Jede Veränderung des Bereichs „A" wirkt sich auch auf „B" und „C" aus. Wie das Beispiel der Variablen C zeigt, kommt der Programmierer in dieser Weise an die speicherinterne Darstellung von Variablen heran. Die einfache Bezugnahme ist damit äquivalent der Kettenfunktion UNSPEC. Wir haben dafür im Kapitel 2.1 ein Beispiel gebracht. Mit dem DEFINED-Attribut würde sich dieses Beispiel in folgender Weise programmieren lassen:

```
DCL A DEC FIXED(6,3),
    B BIT(32) DEFINED A;
```

Wie dieses Beispiel zeigt, wird nicht verlangt, daß das in einer Basisbezugnahme definierte Arbeitsobjekt und die Basisbezugnahme selbst der gleichen Datenklasse angehören. In dieser Weise kann man beispielsweise auch einer Strukturvariablen eine Elementvariable überlagern, um den Inhalt der Strukturvariablen auszudrucken.

Beispiel:

```
DCL 1 KETTE,
        2 KETTE_1 CHAR(5),
        2 KETTE_2 CHAR(5),
    ZEICHENKETTE CHAR(10) DEFINED KETTE;
                 KETTE_1 = 'ADOLF';
                 KETTE_2 = 'EVA';
    PUT LIST (ZEICHENKETTE);
```

* [24, S. 72]
** [24, S. 51]
*** nur im Checkout-Compiler zugelassen

Die PUT-LIST-Anweisung würde in diesem Fall die Verkettung der beiden Variablen KETTE_1 und KETTE_2 ausgeben.

Wir kommen nun zur Basisbezugnahme durch das Sprachelement „iSUB". Die formale Definition lautet:

<isub bezugnahme> :: = <ganze dezimale zahl> SUB

Der Sprachteil „SUB" ist die Abkürzung für „subscripted" und deutet darauf hin, daß dadurch spezielle Indizes in einer Basisbezugnahme selektiert werden können. Die ganze dezimale Zahl liegt im Bereich zwischen 1 und n, wobei n die Anzahl der Dimensionen des definierten Arbeitsobjektes ist. Es bezieht sich also die Notation„1SUB" auf die Indizes der ersten Dimension der Basisbezugnahme, „2SUB" auf die zweite Dimension usw.

Beispiel [16, S. 96]:

```
DCL A (20,20),
    B (10) DEFINED A(2 * 1SUB,2 * 2SUB);
```

In diesem Fall besteht der Bereich B aus allen geraden Elementen in der Diagonale des Bereichs A. Es erhält also B(1) den Wert von A(2,2) und B(2) den Wert von A(4,4). Es muß nun noch die Kettenbezugnahme definiert werden. Es gilt:

<kettenbezugnahme> :: = POSITION [(<ganze dezimale zahl>)]

Bei Kettendaten ist es mit dieser Form der Basisbezugnahme möglich, mit dem Definitionsprozeß in einem Arbeitsobjekt zu beginnen. POSITION gibt dann an, an welcher Stelle relativ zum Beginn der Kette der Definitionsprozeß einsetzt [s. auch 24, S. 51].

Beispiel:

```
DCL BEREICH_1 (10) CHAR(1),
    BEREICH_2 (5)  CHAR(1)  DEFINED BEREICH_1
    POSITION(6);
```

In diesem Fall beginnt das Arbeitsobjekt „BEREICH_2" in der 6. Stelle des Arbeitsobjektes „BEREICH_1".

Wir kommen nun wieder zurück zum eigentlichen Gegenstand dieses Kapitels, den Regeln für Datenkonvertierungen. Jeder PL/1-Programmierer sollte sie genau beachten, damit keine unerwünschten Ergebnisse entstehen. Insbesondere muß er wissen, daß Datenkonvertierungen zu Genauigkeitsverlusten führen können. Wir wollen zunächst versuchen, eine Systematik in das Gebiet der Datenkonvertierungsmethoden hineinzubringen. Es bietet sich an, in Analogie zur Klassifizierung von PL/1-Anweisungen [24, S. 53] von folgendem Klassifizierungsbaum auszugehen:

Klassifizierung Datenkonvertierungsmethoden

- durch Zuordnungsanweisung
- durch Verarbeitungsanweisung
- in Programmsteuerungsanweisung

Die einfachste Form der Datenkonvertierung ist die durch *Zuordnung*. Es wird Variablen (Zielobjekte), deren Attribute explizit oder implizit im Programm definiert sind, durch den Zuordnungsoperator (Gleichheitszeichen) der Wert einer Variablen, die rechts von diesem Zeichen notiert wurde (Ausgangsobjekt), zugewiesen und dabei die Datendarstellung des Ausgangsobjektes an die Attribute des Zielobjektes angepaßt. Von dieser einfachen Konvertierung unterscheidet sich die Klasse der Datenkonvertierungen in *Verarbeitungsanweisungen* dadurch, daß sie nicht nur die Attribute der an einem Arbeitsprozeß beteiligten Objekte berücksichtigt, sondern auch die Art der Operatoren. Ein typisches Beispiel für diese Aussage sind die Vergleichsoperationen, die unabhängig von der Klasse der beteiligten Operanden immer als Ergebnis eine einstellige Bitkette liefern [24, S. 65]. Datenkonvertierungen sind im großen und ganzen auf zu verarbeitende Objekte beschränkt. Eine Ausnahme bilden Programmsteuerungsdaten des Typs POINTER und OFFSET, die zum Gebiet der Listenverarbeitung gehören. Sie sind gegenseitig konvertierbar.

Wir wollen zunächst die Unterklasse der Datenkonvertierung durch Zuordnungsanweisung untersuchen.

2.2 Datenkonvertierungen in Zuordnungsanweisungen

Der einfachste Fall ist die Konvertierung der Genauigkeit des Ausgangsobjektes in die Genauigkeit des Zielobjektes, die wir hier nur der Vollständigkeit halber angeben, aber nicht weiter verfolgen wollen.

Beispiel:

```
DCL A DEC FIXED(6,4)  INIT(12.345),
    B DEC FIXED(3);
      B = A;
```

In diesem Beispiel erfolgt eine Datenkonvertierung in eine ganze Zahl ohne Runden. In Tab. 2-1 haben wir die Form der Datenkonvertierung durch Zuordnung in weitere Unterklassen gruppiert, wobei die Konvertierungsregeln bzw. Hinweise, wo diese zu finden sind, mit angeführt wurden. Die Regeln für die Kettenkonvertierung scheinen in dieser Tabelle nur noch der Vollständigkeit halber mit auf. Sie wurden bereits in [24, S. 99 ff.] dargestellt. Im Vordergrund der jetzt folgenden Betrachtungen steht die arithmetische Konvertierung, die als eine Konvertierung arithmetischer Daten definiert ist. Analog zu ihren Attributen wird für diese Klasse in Tab. 2-1 unterschieden nach einer Konvertierung, die allein die Zahlenbasis betrifft, einer Konvertierung der Schreibweise und einer gemischten Konvertierung, die sowohl die Zahlenbasis als auch die Schreibweise mit einbezieht.

Für die Konvertierung der Zahlenbasis ist die Gesetzmäßigkeit ausschlaggebend, daß sich die Anzahl der Stellen ein und derselben Zahl in zwei verschiedenen Zahlensystemen umgekehrt verhält, wie die Logarithmen der Basen der beiden Zahlensysteme [26, S. 4]. Deshalb sind Dualzahlen um den Faktor ld 10 = 3.32 länger als Dezimalzahlen und Dezimalzahlen um den Quotienten 1/3.32 kürzer als Dualzahlen. Das Produkt p * 3.32 bzw. der Quotient p/3.32 wird in den Fällen, in denen das Zielobjekt eine Festpunktzahl ist, aus maschineninternen Gründen noch um eine Eins erhöht und auf das Ergebnis die eingefügte arithmetische Funktion „CEIL" [24, S. 244] angewendet. Sie berechnet die kleinste ganze Zahl, die größer oder gleich dem Ergebnis ist, das sich bei dieser Umrechnung ergibt. Dieses Ergebnis wird also in jedem Fall aufgerundet. Bei der Interpretation dieser Konvertierungsregeln ist auch zu beachten, daß der Faktor q, der in einer Festpunktdarstellung arithmetischer Größen die Stellung des Radixpunktes angibt, negative Werte annehmen kann, um nicht Nullen, die rechts von der letzten signifikanten Ziffer stehen, speichern zu müssen. Bei der Konvertierung der Zahlenbasis muß natürlich das negative Vorzeichen dieses Faktors erhalten bleiben, was durch die Funktion „SIGN" erreicht wird. Wenn das Argument dieser Funktion kleiner Null ist, dann gibt sie den Wert –1 zurück. Beispiel: Eine Zuordnungsanweisung soll nach Regel 1. eine dezimale Festpunktzahl in eine duale Festpunktzahl unter folgender Annahme konvertieren:

$$
\begin{aligned}
q_{dez} &= -2 \\
\text{ABS (q)} * 3.32 &= 6.64 \\
\text{CEIL (6.64)} &= 7 \\
\text{CEIL (6.64)} * \text{SIGN (q)} &= -7 = q_{dual}
\end{aligned}
$$

In die Konvertierungsregeln muß natürlich auch die maximal mögliche Ausdehnung der verschiedenen Arbeitsobjekte im Hauptspeicher (L) eingehen, die durch den Kompilierer und das Datenverarbeitungssystem gegeben ist (s. Abb. 2-1). Falls beim Anwenden der Umrechnungsformeln nach Tab. 2-1 ein Zielobjekt entsteht, das größer ist als die zugelassene maximale Länge L, begrenzt die Funktion „MIN" seine Ausdehnung auf die Werte L_1 bis L_4. Dabei können natürlich Stellen verloren gehen. Dafür gibt es zwei verbale Regeln. Verliert ein Arbeitsobjekt beim Zuweisen zu einem Zielobjekt an seinem rechten Ende Zeichen, was bei Kettendaten der Fall sein kann, dann gibt es keine Möglichkeit, diesen Vorgang über Ausnahmebedingungen anzuzeigen. Hingegen kann der Programmierer den Verlust von signifikanten Zeichen in den höchsten Stellen eines Arbeitsobjektes dadurch erkennen, daß er das Bedingungspräfix SIZE vor der Zuordnungsanweisung notiert*. Diese letzte Regel muß man insbesondere beachten, wenn in einem Programm Dezimalzahlen in Dualzahlen konvertiert werden; denn die maximale Ausdehnung von dualen Festpunktzahlen reicht nicht aus, um dezimale Festpunktzahlen, die ebenfalls die maximale Speicherwortlänge (15 Dezimalziffern) in Anspruch nehmen, zu speichern (Beachte 15 · 3.32 = 49.8).

Beispiel:

```
DCL A DEC FIXED(15,0),
    (B,C) BIN  FIXED(31,0),
    D BIT(5),  E  CHAR(3);
    - - - - - - - - - - - -
        E = D;
        B = A;
    PUT SKIP DATA(A,B,D,E);
 (SIZE): C = A;
    PUT SKIP DATA(C,A);
```

In diesem Programmausschnitt würde die Programmausführung die erste PUT-Anweisung noch durchführen, bei der nächsten Anweisung aber wegen der SIZE-Bedingung anhalten, so daß die zweite PUT-Anweisung nicht zur Ausführung kommt.

Auf eine Besonderheit der Tab. 2-1 muß noch hingewiesen werden. Es fehlen dort in vier Zeilen die Konvertierungsregeln. Es wäre allerdings falsch, daraus zu schließen, daß die Sprachsyntax diese Konvertierungen verbietet. In allen vier Fällen ist das Ausgangsobjekt eine Gleitpunktzahl und das Zielobjekt eine Festpunktdarstellung. Da Gleitpunktzahlen einen großen Wertebereich abdecken, ist eine solche Konvertierung nur dann möglich, wenn die Zielvariable in der Lage ist, das zugewiesene Arbeitsobjekt entsprechend dem Exponenten der Gleitpunktdarstellung in eine Festpunktzahl umzusetzen. Tab. 2-2, in der für jede Unterklasse der Tab. 2-1 ein Konvertierungsbeispiel angeführt wird, zeigt vier Fälle, in denen durchaus die Konvertierung einer Gleitpunktzahl in eine Festpunktzahl ohne Schwierigkeiten abläuft. Die laufenden Nummern der Tab. 2-2 entsprechen den Unterklassen der Tab. 2-1. Die Zuordnungsanweisungen

* Der Checkout-Compiler entdeckt von selbst einen solchen Fehler.

Klassen	*Unterklassen Objektattribute*		*Konvertierungsregeln*
	Ausgangsobjekt	Zielobjekt	
Ketten-konvertierung	Bitkette Zeichenkette	Zeichenkette Bitkette	Bit „0" → Zeichen „0" Bit „1" → Zeichen „1" Zeichen „0" → Bit „0" Zeichen „1" → Bit „1", andere nicht zugelassen
gemischte Konvertierung	arithmetische Daten Kettendaten	Kettendaten arithmetische Daten	Tabelle 3-2b [24, S. 101] Tabelle 3-2c [24, S. 102]
arithmetische Konvertierung Zahlenbasis	1. DEC FIXED 2. DEC FLOAT 3. BIN FIXED 4. BIN FLOAT	BIN FIXED BIN FLOAT DEC FIXED DEC FLOAT	$(p,q) \rightarrow (MIN(CEIL(p * 3.32) + 1, L_2),\ CEIL(ABS(q) * 3.32) * SIGN(q))$ $p \rightarrow (MIN(CEIL(p * 3.32), L_3))$ $(p,q) \rightarrow (MIN(CEIL(p / 3.32) + 1, L_1),\ CEIL(ABS(q) / 3.32) * SIGN(q))$ $p \rightarrow (MIN(CEIL(p / 3.32), L_4))$
arithmetische Konvertierung Schreibweise	5. DEC FIXED 6. BIN FIXED 7. DEC FLOAT 8. BIN FLOAT	DEC FLOAT BIN FLOAT DEC FIXED BIN FIXED	$(p,q) \rightarrow (MIN(p, L_4))$ $(p,q) \rightarrow (MIN(p, L_3))$
gemischt arithmetische Konvertierung	9. DEC FIXED 10. BIN FLOAT 11. BIN FIXED 12. DEC FLOAT	BIN FLOAT DEC FIXED DEC FLOAT BIN FIXED	$(p,q) \rightarrow (MIN(CEIL(p * 3.32), L_3))$ $(p,q) \rightarrow (MIN(CEIL(p / 3.32), L_4))$

L_1 : 15 Dezimalziffern L_2 : 31 Binärziffern (Bits) L_3 : 53 Binärziffern (Bits) L_4 : 16 Dezimalziffern

Tab. 2-1. Klassen und Regeln für Datenkonvertierung in Zuordnunganweisungen

lfd. Nr.	Vereinbarung	Zuordnung	Ergebnis (Ausgabe m. PUT DATA oder UNSPEC)
1	A DEC FIXED(9,3) INIT (262144.125), B BIN FIXED(31,10)	B = A;	'0001000000000000000000.0010000000'B* (beachte: 262144 = 2^{18})
2	C DEC FLOAT(15) INIT(140737488355328E00), D BIN FLOAT(50)	D = C;	'01001100 10000000000000000000000000000000 000000000000000000 000000'B** (beachte: der Wert von C ist die Dualzahl 2^{47})
3	E DEC FIXED(11,4)	E = B;	262144.1250 (ohne führende Zwischeraumzeichen)
4	F DEC FLOAT(16)	F = D;	1.407374883553280E+14
5	G DEC FIXED(15,3) INIT(123456789012.345)	F = G;	1.234567890123449E+11
6	– – –	D = B;	'01000101 01000000000000000000000000100000 000000000000000000 000000'B**
7	– – –	G = F;	123456789012.344
8	H BIN FLOAT(31) INIT(000001000000000000000000000010000E–07B)	B = H;	262144.1250
9	I DEC FIXED(15,2) INIT(1099511627776.25)	D = I;	'01001011 00010000000000000000000000000000 000000000000010000 000000'B** (beachte: der Wert des ganzzahligen Anteils von I ist die Dualzahl 2^{40})
10	– – –	I = D;	1099511627776.25
11	K DEC FLOAT(10)	K = B;	2.621441250E+05
12	– – –	B = K;	'0001000000000000000000.0010000000'B*

Tab. 2-2. Beispiele für arithmetische Konvertierungen

* Der Radixpunkt wurde nur aus Übersichtlichkeitsgründen eingefügt.

** Die beiden Zwischenräume, die wiederum nur aus Übersichtlichkeitsgründen eingesetzt wurden, kennzeichnen das Ende der Kennzahl und der Mantisse.

sind in der Weise zu interpretieren, daß sie in der aufgelisteten Reihenfolge ausgeführt werden. Da Ausgabeanweisungen in PL/1 Dualzahlen als Dezimalzahlen ausdrucken [24, S. 59], läßt sich die Umsetzung von Dezimalzahlen in Dualzahlen schlecht anzeigen. Aus diesem Grund haben wir in den Fällen, in denen das Zielobjekt eine Dualzahl und das Ausgangsobjekt eine Dezimalzahl ist, die Ergebnisse des Funktionsaufrufs UNSPEC in dieser Tabelle angegeben. Für die Unterklassen 7, 8, 10 und 12 der Tab. 2-1, für die dort keine Konvertierungsregeln angegeben wurden, muß der Programmierer trotzdem die allgemeinen Regeln für die Konvertierung der Zahlenbasis, die die Länge der Zielobjekte bestimmen, beachten.

Beispiel:

```
DCL A DEC FLOAT (3)  INIT (987E00),
    D BIN FIXED (16,8);
          D = A;
```

In diesem Fall würde, falls notiert, die „SIZE-Bedingung" ansprechen, weil der ganzzahlige Anteil der Variablen D zu klein ist, um die konvertierte Dezimalzahl 987 aufnehmen zu können. D müßte in diesem Beispiel mit den Attributen „BIN FIXED (18,8)" definiert werden.

2.3 Datenkonvertierungen in Verarbeitungsanweisungen

2.3.1 Klassifizierung

Um zu einer systematischen Betrachtungsweise zu kommen, ist es auch hier wieder zunächst notwendig, Unterklassen zu bilden. Wir gehen dabei von den Arbeitsobjekten aus, die die Sprachsyntax von PL/1 in Verarbeitungsanweisungen zuläßt. Unter Vernachlässigung der verschiedenen Datengruppierungen, die hierbei irrelevant sind, kommen wir auf diesem Wege zu folgendem Klassifizierungsbaum von Arbeitsprozessen:

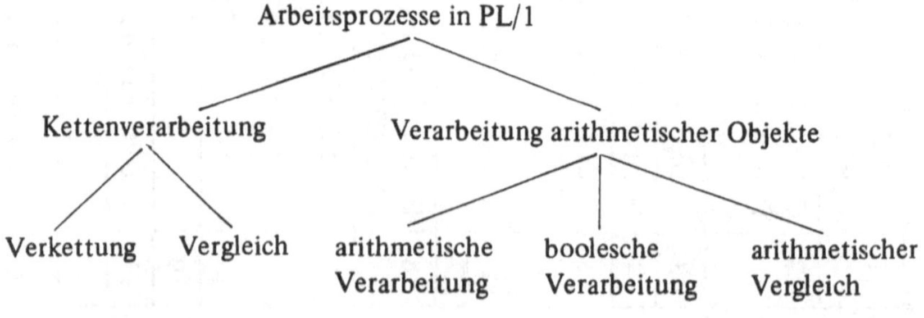

In jeder dieser fünf Klassen können Datenkonvertierungen vorkommen. Wir wollen jetzt der Reihe nach für diese Klassen die Regeln, nach denen Datenkonvertierungen erfolgen, zusammenfassend darstellen bzw. diese Regeln kurz wiederholen, falls sie schon in der Einführung erwähnt wurden. Dabei müssen wir vorausschicken, daß jede Datenkonvertierung in einer Verarbeitungsanweisung als ein Zwei-Phasen-Prozeß abläuft. Die erste Phase bestimmt die Attribute des Zielfeldes und die zweite führt dann die Verarbeitungsoperation zusammen mit der Datenkonvertierung aus.

2.3.2 Datenkonvertierung in der Kettenverarbeitung

Kettendaten sind in PL/1 Zeichen- oder Bitketten. Sie können mit Hilfe des Verkettungsoperators (Operationssymbol: ||) miteinander verknüpft werden. Falls die Operanden in einem Verkettungsausdruck nicht der Datenklasse Zeichenkette angehören, werden sie bis auf eine Ausnahme in diese Datenklasse überführt. Die Ausnahme besteht darin, daß es nicht sinnvoll ist, zwei Operanden, die Bitketten sind, in Zeichenketten bei der Verkettung zu konvertieren. Die Einzelheiten dieser Regeln haben wir unter dem Stichwort „Kettenkonversionen" und „gemischte Konversionen" bereits in der Einführung gebracht und wollen sie hier nicht mehr wiederholen [24, S. 99 ff.]. Alle möglichen Ergebnisse von Verkettungsoperationen haben wir der besseren Übersichtlichkeit wegen in Tab 2-3 zusammengefaßt.

Operandentyp	arithmetische Daten	numerische Zeichenkette (PICTURE-Attribut)	Zeichenkette	Bitkette
arithmetische Daten	Zeichenkette	Zeichenkette	Zeichenkette	Zeichenkette
numerische Zeichenkette (PICTURE-Attribut)	Zeichenkette	Zeichenkette	Zeichenkette	Zeichenkette
Zeichenkette	Zeichenkette	Zeichenkette	Zeichenkette	Zeichenkette
Bitkette	Zeichenkette	Zeichenkette	Zeichenkette	Bitkette

Tab. 2-3. Datentyp der Ergebnisse von Verkettungsoperationen [16, S. 36]

Diese Regeln sind auch die Grundlage der LIST- und DATA-gesteuerten Datenausgabe und haben damit eine große Bedeutung. Wir wollen sie deshalb noch an einigen Beispielen weiter vertiefen. Gegeben sei folgender Ausschnitt aus einem größeren Programm:

```
DCL (A,B) BIN  FIXED  (6,2),
    C CHAR (20) VAR, D CHAR (3)  INIT('EVA'),
    E CHAR (4)  INIT ('ADAM'),  F CHAR (3) INIT ('XYZ');
        A  =  0101.01B;
        B  =  – A;
        C  =  A || B || D || E || F;
```

Eine PUT-DATA-Anweisung würde folgendes Ergebnis ausdrucken:

```
        C  =  '01010101EVAADAMXYZ'
```

Das Ergebnis dieser Verkettungsoperation entsteht in folgenden Schritten:

1. Die beiden Dualzahlen A und B werden zunächst in eine Bitkette konvertiert. Dabei kommt die Regel zur Anwendung, daß ihr *absoluter* Wert in eine ganze Dualzahl überführt wird [24, S. 101] und anschließend diese beiden Dualzahlen in Bitketten übergehen.

2. Die beiden Bitketten A und B werden danach mit den Zeichenketten D, E und F verkettet, wobei die beiden Bitketten in Zeichenketten überführt werden.

Das nächste Beispiel soll die Verkettung einer Dezimalzahl mit einer Zeichenkette demonstrieren. Wir unterstellen dabei, daß die Variable C dieselben Attribute wie im letzten Beispiel hat.

```
DCL  Z  DEC  FIXED  (5,1) INIT (–9876.5),
     Y  CHAR (6)   INIT ('BERLIN');
        C  =  Y  || Z;
```

In diesem Beispiel wird das dezimale Arbeitsobjekt Z nach der in der Einführung gegebenen Regel [24, S. 101] zunächst in eine dezimale Konstante der Länge „p + 3" überführt, so daß dieser Teil der Zeichenkette aus acht Zeichen besteht. Als Ergebnis der Verkettungsoperation ergibt sich in diesem Fall:

```
C  =  'BERLIN  –9876.5'
```

Es muß noch darauf hingewiesen werden, daß auch mit einigen Ketten*funktionen* Datenkonvertierungen verbunden sind, weil die Argumente dieser Funktionen nicht Ketten sein müssen. Davon sind betroffen: BIT, BOOL, CHAR, INDEX, LENGTH, REPEAT, SUBSTR, TRANSLATE, UNSPEC und VERIFY. Wenn der Programmierer die Konvertierungsregeln, die für die Umsetzung in Kettendaten gelten, nicht genau beachtet, kann er Überraschungen erleben.

Beispiele:

Die Funktion BIT konvertiert eine Variable nach den Regeln für Kettenkonversionen oder gemischte Konversionen in eine Bitkette. So führt beispielsweise der Funktionsaufruf „BIT (–987)" zu folgendem Wert:

'1111011011'B

Überrascht ist man aber zunächst vom Ergebnis des Aufrufs derselben Funktion mit dem Argument „(–987 + 111,10)". Es lautet nämlich:

'0000110110'B (Dezimalzahl: 54).

Hier muß auch der geübte Programmierer zunächst eine Zeit nachdenken, bis er das Zustandekommen dieses Ergebnisses deuten kann. Wir müssen dabei davon ausgehen, daß das Ergebnis der Addition (–876) in zwei Bytes gespeichert wird (s. Abb. 2-1). In die Konvertierungsregel arithmetischer Daten in Bitketten geht also eine negative vierstellige Dezimalzahl ein, die zu 14 Dualstellen führt. Da nur der absolute arithmetische Wert übertragen wird, geht hierbei das negative Vorzeichen verloren. Wie man sich leicht durch Anwendung der Halbierungsmethode überzeugen kann, ist das Ergebnis dieser Konvertierung folgende Bitkette:

'00001101101100'B

In dieser Bitkette stellen die letzten 10 Dualziffern die zu konvertierende Dezimalzahl dar. Im Aufruf der Funktion BIT wird eine Länge des Ergebnisses von 10 Stellen gefordert, so daß nach den Regeln der Zuordnung von Zeichen- und Bitketten die letzten vier Stellen verloren gehen und das oben erwähnte Ergebnis entsteht. Einfacher sind die Konvertierungen in folgenden Funktionsaufrufen zu verstehen:

```
DCL A DEC FIXED(6,2)  INIT(9876.54), Z CHAR(50)  VAR;
    Z = INDEX (A,'6.5');
```

Z bekommt als Ergebnis den Wert „6" zugewiesen; denn der Aufruf der Funktion INDEX konvertiert die Konstante „9876.54" in eine neunstellige Zeichenkette [24, S. 101], so daß in ihr das Zeichenmuster „6.5" an der 6. Stelle beginnt. Aus demselben Grunde liefert der Aufruf der Funktion LENGTH(A) die Kettenlänge „9".

Da auch die Funktion SUBSTR eine Konvertierung in Kettendaten vornimmt, führt der Funktionsaufruf:

```
Z = SUBSTR(A,2,3);
```

zum Ergebnis:

```
Z = ' 98';
```

Bei der Interpretation dieses Ergebnisses ist wieder zu beachten, daß infolge der Konvertierungsregeln links von der höchsten signifikanten Ziffer der Dezimalzahl „9876.54" zwei Zwischenraumzeichen erscheinen, so daß die aufgerufene Teilkette mit einem Leerzeichen beginnt. Zum Abschluß dieser Beispiele wollen wir noch die Kettenfunktion TRANSLATE auf die Variable „A" anwenden:

```
Z = TRANSLATE(A, '2,3','9,8');
```

Dieser Funktionsaufruf gibt den Wert zurück:

```
Z = '  2376.54';
```

denn er setzt die Zeichen „9" und „8" in den Ausgangsobjekten in die Zeichen „2" und „3" der Zielobjekte um.

Wir haben im Kapitel 2.3.1 im Klassifizierungsbaum noch die Vergleichsoperationen an Zeichen- und Bitketten aufgeführt. Die Konvertierungsregeln für solche Arbeitsprozesse sind denkbar einfach. Wenn die Operanden eines Vergleichsausdrucks nicht der gleichen Datenklasse angehören, also Zeichenketten mit Bitketten verglichen werden, dann wird die Bitkette in eine Zeichenkette überführt. Die Vergleichsoperation selbst basiert auf der Sortierfolge der Zeichen im EBCDIC-Code.

2.3.3 Datenkonvertierung bei der Verarbeitung arithmetischer Objekte

Wir haben im Abschnitt 2.3.1 den Ablauf einer Datenkonvertierung in einem Verarbeitungsprozeß als einen Zwei-Phasen-Vorgang dargestellt, wobei in der ersten Phase die Attribute des Zielobjektes bestimmt werden. Für die Kettenverarbeitung waren die Regeln für diese erste Phase sehr einfach (s. Tab. 2-3). Bei der Verarbeitung arithmetischer Objekte sind sie umfangreicher, weil die Ausgangsobjekte sich in der Zahlenbasis, der Schreibweise, dem Modus und der Genauigkeit unterscheiden können. Tab. 2-4 gibt die Regeln für die erste Phase des Konvertierungsprozesses schematisch wieder. Dabei wird unterstellt, daß alle Arbeitsprozesse sich letztlich auf die Verarbeitung von zwei Operanden reduzieren lassen.

	Zahlen-basis	erster Operand DEC	BIN	Schreib-weise	erster Operand FIXED	FLOAT
zweiter Operand	DEC	DEC	BIN	FIXED	FIXED	FLOAT
	BIN	BIN	BIN	FLOAT	FLOAT	FLOAT
	Modus	REAL	COMPLEX	*Genauigkeit* s. Tab. 2-5 bis 2-8		
	REAL	REAL	COMPLEX			
	COMPLEX	COMPLEX	COMPLEX			

Tab. 2-4. Zielfeldattribute der Datenkonvertierung bei der Verarbeitung arithmetischer Objekte

Die grobschematisch dargestellten Regeln der Tab. 2-4 sind nun weiter zu verfeinern. Aus didaktischen Gründen greifen wir zunächst den arithmetischen Vergleich auf. Falls Datenkonvertierungen in einem arithmetischen Vergleichsausdruck notwendig werden, kommt folgende Prioritätsstufung zur Anwendung:

1. arithmetische Daten
2. Zeichenketten
3. Bitketten

Wenn Operanden in einem Vergleichsausdruck nicht derselben Datenklasse angehören, dann werden die Operanden der niedrigeren hierarchischen Stufe in die höhere Stufe konvertiert. Soll beispielweise eine Bitkette mit einer dezimalen Festpunktzahl verglichen werden, dann wäre zunächst die Bitkette in eine duale Festpunktzahl umzusetzen und anschließend nach Tab. 2-4 die Dezimalzahl in eine Dualzahl. Der Vergleich vollzieht sich also auf der dualen Zahlenbasis.

Beispiel:

```
DCL A DEC FIXED (5,2) INIT (123.45),
    B BIT (6) INIT ('110101'B), C BIT (1);
    C = A > B;
PUT DATA (C);
```

Das Ergebnis lautet: C = '1'B; denn die beiden Vergleichsoperanden sind die Dualzahlen 1 1 1 1 0 1 1 und 0 1 1 0 1 0 1.

Die Verarbeitung boolescher Objekte mit den Operatoren &, | und ¬ setzt Bitketten voraus, was dazu geführt hat, daß die PL/1-Nomenklatur synonym für die boolesche Operation auch den Begriff Kettenoperation verwendet. Falls die Operanden eines booleschen Ausdrucks nicht Bitketten sind, werden sie vor der Ausführung boolescher Operationen nach den Regeln für die Konvertierung in Bitketten umgeformt.

Beispiel:

```
DCL Z DEC FIXED (5,2) INIT(–987.45), Y BIT(15)VAR;
                      Y = ¬Z;
                      PUT DATA (Y);
```

Es wird zunächst die Dezimalzahl "–987.45" in eine ganze Dualzahl überführt. Die Halbierungsmethode [23, S. 61] liefert folgende Dualzahl:

1 1 1 1 0 1 1 0 1 1

Diese Dualzahl ist zu negieren, so daß die Anweisung PUT DATA (Y) folgendes Ergebnis liefert:

```
Y = '0000100100'B;
```

Wir kommen nun zur wichtigsten und, was die Anzahl von Regeln betrifft, auch umfangreichsten Konvertierungsklasse, den Datenkonvertierungen in arithmetischen Prozessen. Analog zum Attributbaum arithmetischer Objekte können sich Operanden arithmetischer Ausdrücke in der Zahlenbasis, der Schreibweise, dem Modus und der Genauigkeit unterscheiden. Daneben sind als Operanden aber auch Bitketten, numerische Zeichenketten (vereinbart mit PICTURE-Attribut) und Zeichenketten zugelassen, und zwar immer mit der einschränkenden Bedingung, daß diese Ketten in arithmetische Daten konvertiert werden können.

Beispiele:

```
DCL Z DEC FIXED (10,3),
    Y CHAR(3)  INIT('123'),
    X CHAR(5)  INIT('98765');
    Z = Y + X;
```

In diesem Fall wird das richtige Ergebnis (98888.000) ausgegeben. Der Grund ist darin zu sehen, daß die beiden Zeichenketten „X" und „Y" in dezimale ganze Zahlen mit der maximalen Genauigkeit (15,0) vor der Ausführung des arithmetischen Prozesses konvertiert werden [24, S. 102]. Würde es sich hingegen bei diesen beiden Zeichenketten um gebrochene Dezimalzahlen handeln, dann würde nur der ganzzahlige Anteil in den arithmetischen Prozeß eingehen. Dies sollen die nächsten beiden Beispiele noch zeigen:

```
DCL A CHAR(6)  INIT ('12.34'),
    B CHAR(4)  INIT ('1.1'),
    C DEC FIXED (4,2),
    D PICTURE '999V.99';
    C = A + B;
    D = A + B;
```

In beiden Fällen wird als Ergebnis die Zahl 1 3 . 0 0 ausgegeben, weil die beiden Zeichenketten „A" und „B" vor der Ausführung der arithmetischen Anweisung in ganze Zahlen übergehen. Daraus folgt die Regel, daß diese Konvertierungsmöglichkeiten wenn möglich nicht benutzt werden sollten. Falls ein Programmierer trotzdem darauf zurückgreift, muß er mit großer Sorgfalt vorgehen. So ist auch zu beachten, daß Kettendaten als Operanden nicht die maximal zulässige Länge arithmetischer Daten überschreiten. Wir kommen damit zur ersten Regel, die für Datenkonvertierungen in arithmetischen Prozessen gilt:

1. *Regel:* Es sind als Operanden in arithmetischen Ausdrücken alle Datenklassen zugelassen, sofern eine Konvertierung in arithmetische Daten möglich ist.

2. *Regel:* Für die Vereinheitlichung der Zahlenbasis, der Schreibweise und des Modus in einem arithmetischen Ausdruck ist die Tab. 2-4 anzuwenden. Eine Ausnahme ist die Potenzierung, wobei der Exponent die Attribute des Ergebnisses bestimmt (s. Tab. 2-8). Ist ein reeller Operand in eine komplexe Zahlendarstellung zu konvertieren, dann wird als Imaginärteil die Zahl Null mit der gleichen Zahlenbasis, der gleichen Schreibweise und auch der gleichen Genauigkeit wie beim Realteil unterstellt.

Schließlich muß noch die Sprachsyntax zur Frage der Genauigkeit Stellung nehmen:

3. *Regel:* Unterscheiden sich die Operanden nur bezüglich der Genauigkeit, so findet keine Datenkonvertierung statt. Diese Regel bedeutet, daß sich arithmetische Prozesse am Radixpunkt ausrichten.

Zum Modus arithmetischer Arbeitsobjekte, der reell oder komplex sein kann, nimmt die vierte Regel Stellung:

4. *Regel:* Wenn Operanden in arithmetischen Ausdrücken in einem unterschiedlichen Modus dargestellt sind, dann wird der reelle Operand in eine komplexe Zahlendarstellung konvertiert, indem als Imaginärteil die Zahl Null mit der gleichen Zahlenbasis, der gleichen Schreibweise und auch der gleichen Genauigkeit wie der Realteil unterstellt wird.

Der Programmierer hat die Aufgabe, bei der Notation arithmetischer Anweisungen dafür zu sorgen, daß die empfangenden Variablen die notwendige Größe aufweisen. Zu diesem Zweck haben wir in den Tab. 2-5 bis 2-7 für die vier Grundrechenarten die Attribute der Ergebnisse für den Fall, daß Datenkonvertierungen vorgenommen werden müssen, angegeben. Im Grunde genommen resultieren diese Attribute aus den Regeln der Computerarithmetik (s. z.B. [23, S. 243 ff.]). Wir wollen diese Regeln noch an einigen Beispielen demonstrieren. Nehmen wir zunächst den einfachsten Fall an, nämlich die Addition von zwei dezimalen Festpunktzahlen. Dann ist die Ausdehnung „p" der Summe natürlich gegeben durch die maximale Länge des ganzzahligen Anteils des längeren der beiden Summanden – $MAX(p_1 - q_1, p_2 - q_2)$ – plus einer zusätzlichen Stelle für den Übertrag. Weiter geht in „p" auch noch die maximale Länge des gebrochenen Anteils der beiden Summanden ein, nämlich $MAX(q_1, q_2)$. Natürlich darf die Ausdehnung „p" des Ergebnisses nicht die maximal zugelassene Anzahl von Ziffern einer vorgegebenen Zahlendarstellungsform überschreiten. Im zweiten Beispiel wollen wir eine Multiplikation unterstellen, wobei beide Operanden Festpunktzahlen sein sollen; der erste ist aber eine Dualzahl und der zweite eine Dezimalzahl. Wenn man zunächst die Datenkonvertierung in die duale Zahlendarstellung vernachlässigt, dann gilt für die Stellung des Radixpunktes im Produkt die Regel [23, S. 243]:

Faktor A, dargestellt durch die Anzahl der Stellen vor dem Radixpunkt: n_1 und nach dem Radixpunkt: m_1;
Faktor B: n_2 m_2;
Produkt A · B: $n_1 + n_2$, $m_1 + m_2$.

In der Syntax von PL/1 entsprechen den beiden Symbolen m_1 und m_2 die Attribute q_1 und q_2, so daß für das Produkt gilt: $q = q_1 + q_2$. Die gesamte Ausdehnung des Produktes ist unter Berücksichtigung eines Überlaufs also gegeben durch die Summe: $p = p_1 + p_2 + 1$. Da in diesem Beispiel die Zahlenbasis der beiden Operanden unterschiedlich ist, kommt noch die Regel zur Anwendung, daß bei unterschiedlicher Zahlendarstellung die Verarbeitung in dualer Form erfolgt. Es sind deshalb noch p_2 und q_2 nach Tab. 2-1 zu konvertieren, wobei p_2 in r und q_2 in s übergeht (s. Tab. 2-6). Zum Abschluß dieses Kapitels wollen wir noch einige Zahlenbeispiele für Datenkonvertierungen in arithmetischen Prozessen bringen.

```
BEISP3: PROC   OPTIONS(MAIN):
         DCL A DEC FIXED(15,5)  INIT(9876543210.98765),
             B DEC FIXED(10,5)  INIT(11111.12345),
             C BIN  FLOAT(50);
                    A = A + B;
             PUT SKIP  DATA(A);
                    C = A;
                    C = C + B;
             PUT SKIP  DATA(C);
         DCL D DEC FIXED(3,1)   INIT(20.2),
             E BIN  FIXED(11,4),E_1 BIN  FIXED(13,4),
             F BIN  FIXED(23,8),G   BIN  FIXED(31,12);
                    E = D;
                E_1 = E + D;
             PUT SKIP  DATA(E_1);
                    F = E * D;
             PUT SKIP  DATA(F);
                    G = F / D;
             PUT SKIP  DATA(G);
                    END BEISP3;
```

Der Drucker gibt folgende Ergebnisse aus:

```
A =     9876554322.11110      C = 9.876565433234548E+09
E_1 =     40.37       F = 407.535*        G =     20.1875**
```

* genaues Ergebnis: 407.636
** genaues Ergebnis: 20.175

Folgen wir der Tab. 2-5, dann müßten wir die Variable A zur Aufnahme der Summe A + B in der Länge:

$$p = 1 + MAX(10,5) + MAX(5,5) = 16 \text{ Stellen}$$

definieren, wobei dann diese Variable die maximal zulässige Länge von dezimalen Festpunktzahlen überschreiten würde. Wie das obige Zahlenbeispiel zeigt, ist es durchaus zulässig, daß der Programmierer von den Längen der Tab. 2-5 bis 2-8 dann abweicht, wenn er sicher ist, daß die Ergebnisse kürzer sind.

Abschließend soll noch einmal erwähnt werden, daß zur Erkennung von Datenkonvertierungen, die von der PL/1-Syntax her nicht erlaubt sind, zwei Bedingungen zur Verfügung gestellt werden, nämlich die „CONVERSION-Bedingung" [24, S. 100, 242] und die „SIZE-Bedingung" [24, S. 242]. Die CONVERSION-Bedingung, die immer während der Programmausführung wirksam ist, spricht nur dann an, wenn eine Zeichenkette an einer nicht erlaubten Konvertierung beteiligt ist. Sie wird deshalb vor allem für den Bereich der Kettenverarbeitung verwendet. Für die arithmetische Verarbeitung wird auf die SIZE-Bedingung zurückzugreifen sein, da hier die Gefahr besteht, daß signifikante Ziffern verloren gehen.

Übungsaufgaben

2.1 Es sind folgende Datenkonvertierungen zu programmieren:

Ausgangsobjekt	*Zielobjekt*
12345678912300	Dualzahl
0.00987654321	duale Festpunktzahl
(31) '1'B	dezimale Festpunktzahl
7.2E+75	duale Gleitpunktzahl
97531.123456789	dezimale Gleitpunktzahl
987654.321	duale Festpunktzahl
987654.321	duale Gleitpunktzahl
7.654321E+70	dezimale Festpunktzahl
111000111000111E+30B	dezimale Gleitpunktzahl
111000111000111E+30B	dezimale Festpunktzahl
110011.000111B	dezimale Gleitpunktzahl
(25) '10'B	duale Gleitpunktzahl

2.2 Geben Sie bitte das Listenbild der Ausgabeanweisungen in folgendem Programm an:

```
UEBAUF2_2:  PROC  OPTIONS(MAIN);
            DCL G DEC  FLOAT(4)  INIT(9.87E+10),
                H BIN  FLOAT(8)  INIT(11100111E–03B),
                K BIN  FIXED(8,3),
```

```
          L  CHAR(10)   INIT('ERGEBNIS'),
          M  CHAR(19);
          M = L  || G;
          PUT SKIP LIST(M);
          M = L  || H;
          PUT SKIP LIST(M);
          K = H;
          M= L  || K;
          PUT SKIP LIST(M);
              END UEBAUF2_2;
```

2.3 Gegeben ist folgender Ausschnitt aus einem größeren Programm:

```
DCL A BIN  FLOAT(6)  INIT(1.23E+00),
    B BIT(6);
          B = A;
    PUT  DATA(B);
```

Was gibt die PUT-Anweisung aus?

2.4 Es sind Dezimalzahlen, die auch gebrochen sein können, durch Datenkonvertierungen in Zuordnungsanweisungen in Dualzahlen umzusetzen*.

2.5 Es soll die TIME-Funktion (s. Anhang 3) herangezogen werden, um zu ermitteln, wieviel Zeit eine vorgegebene Folge von Anweisungen (z.B. eine DO-Schleife) in der Programmausführung benötigt. Das Ergebnis ist mit einer PUT-LIST-Anweisung auszugeben.

2.6 Geben Sie bitte an, welche Ergebnisse in diesem Programm die PUT-Anweisungen ausgeben:

```
DCL ZEICHEN  CHAR(10),
    BEREICH(10)   CHAR(1)  DEFINED  ZEICHEN;
                  BEREICH  =  'Z';
    PUT  LIST (ZEICHEN);
DCL BEREICH_1  (10)  CHAR(1),
    ZEICHEN_1  CHAR(10) DEFINED  BEREICH_1;
               ZEICHEN_1  =  'ABCDEFGHIK';
    PUT  LIST (BEREICH_1 (3)  ,BEREICH_1  (5));
```

2.7 Was druckt die PUT-Anweisung in folgendem Programmabschnitt aus?

```
DCL X(3,2)  INIT(9,8,7,6,5,4),
    Y(2)  DEFINED X(1SUB, 1SUB);
          PUT  LIST(Y);
```

* s. auch [24, S. 90]

		erster Operand			
		DECIMAL FIXED(p_1,q_1)	DECIMAL FLOAT(p_1)	BINARY FIXED(p_1,q_1)	BINARY FLAOT(p_1)
zweiter Operand	DECIMAL FIXED (p_2,q_2)	DECIMAL FIXED(p,q) $p=1+MAX(p_1-q_1,p_2-q_1)$ $+MAX(q_1,q_2)$ $q=MAX(q_1,q_2)$	DECIMAL FLOAT(p) $p=MAX(p_1,p_2)$	BINARY FIXED(p,q) $p=1+MAX(p_1-q_1,r-s)$ $+MAX(q_1,s)$ $q=MAX(q_1,s)$ wobei gilt: $r=1+p_2 * 3.32$ $s=q_2 * 3.32$	BINARY FLOAT(p) $p=MAX(p_1,r)$ wobei gilt: $r=p_2 * 3.32$
	DECIMAL FLOAT (p_2)	DECIMAL FLOAT(p) $p=MAX(p_1,p_2)$	DECIMAL FLOAT(p) $p=MAX(p_1,p_2)$	BINARY FLOAT(p) $p=MAX(p_1,r)$ wobei gilt: $r=p_2 * 3.32$	BINARY FLOAT(p) $p=MAX(p_1,r)$ wobei gilt: $r=p_2 * 3.32$
	BINARY FIXED (p_2,q_2)	BINARY FIXED(p,q) $p=1+MAX(r-s,p_2-q_2)$ $+MAX(s,q_2)$ $q=MAX(s,q_2)$ wobei gilt: $r=1+p_1 * 3.32$ $s=q_1 * 3.32$	BINARY FLOAT(p) $p=MAX(r,p_2)$ wobei gilt: $r=p_1 * 3.32$	BINARY FIXED(p,q) $p=1+MAX(p_1-q_1,p_2-q_2)$ $+MAX(q_1,q_2)$ $q=MAX(q_1,q_2)$	BINARY FLOAT(p) $p=MAX(p_1,p_2)$
	BINARY FLOAT (p_2)	BINARY FLOAT(p) $p=MAX(r,p_2)$ wobei gilt: $r=p_1 * 3.32$	BINARY FLOAT(p) $p=MAX(r,p_2)$ wobei gilt: $r=p_1 * 3.32$	BINARY FLOAT(p) $p=MAX(p_1,p_2)$	BINARY FLOAT(p) $p=MAX(p_1,p_2)$

Tab. 2-5. Attribute der Ergebnisse von Additions- und Subtraktionsoperationen [16, S. 40]

zweiter Operand	erster Operand: DECIMAL FIXED(p_1,q_1)	DECIMAL FLOAT(p_1)	BINARY FIXED(p_1,q_1)	BINARY FLOAT(p_1)
DECIMAL FIXED (p_2,q_2)	DECIMAL FIXED(p,q) $p=p_1+p_2+1$ $q=q_1+q_2$	DECIMAL FLOAT(p) $p=MAX(p_1,p_2)$	BINARY FIXED(p,q) $p=p_1+r+1$ $q=q_1+s$ wobei gilt: $r=1+p_2*3.32$ $s=q_2*3.32$	BINARY FLOAT(p) $p=MAX(p_1,r)$ wobei gilt: $r=p_2*3.32$
DECIMAL FLOAT (p_2)	DECIMAL FLOAT(p) $p=MAX(p_1,p_2)$	DECIMAL FLOAT(p) $p=MAX(p_1,p_2)$	BINARY FLOAT(p) $p=MAX(p_1,r)$ wobei gilt: $r=p_2*3.32$	BINARY FLOAT(p) $p=MAX(p_1,r)$ wobei gilt: $r=p_2*3.32$
BINARY FIXED (p_2,q_2)	BINARY FIXED(p,q) $p=r+p_2+1$ $q=s+q_2$ wobei gilt: $r=1+p_1*3.32$ $s=q_1*3.32$	BINARY FLOAT(p) $p=MAX(r,p_2)$ wobei gilt: $r=p_1*3.32$	BINARY FIXED(p,q) $p=p_1+p_2+1$ $q=q_1+q_2$	BINARY FLOAT(p) $p=MAX(p_1,p_2)$
BINARY FLOAT (p_2)	BINARY FLOAT(p) $p=MAX(r,p_2)$ wobei gilt: $r=p_1*3.32$	BINARY FLOAT(p) $p=MAX(r,p_2)$ wobei gilt: $r=p_1*3.32$	BINARY FLOAT(p) $p=MAX(p_1,p_2)$	BINARY FLOAT(p) $p=MAX(p_1,p_2)$

Tab. 2-6. Attribute der Ergebnisse von Multiplikationsoperationen [16, S. 41]

		erster Operand			
		DECIMAL FIXED(p_1,q_1)	DECIMAL FLOAT(p_1)	BINARY FIXED(p_1,q_1)	BINARY FLOAT(p_1)
zweiter Operand	DECIMAL FIXED (p_2,q_2)	DECIMAL FIXED(p,q) $p=15$ $q=15-((p_1-q_1)+q_2)$	DECIMAL FLOAT(p) $p=MAX(p_1,p_2)$	BINARY FIXED(p,q) $p=31$ $q=31-((p_1-q_1)+s)$ wobei gilt: $s=q_2 * 3.32$	BINARY FLOAT(p) $p=MAX(p_1,r)$ wobei gilt: $r=p_2 * 3.32$
	DECIMAL FLOAT (p_2)	DECIMAL FLOAT(p) $p=MAX(p_1,p_2)$	DECIMAL FLOAT(p) $p=MAX(p_1,p_2)$	BINARY FLOAT(p) $p=MAX(p_1,r)$ wobei gilt: $r=p_2 * 3.32$	BINARY FLOAT(p) $p=MAX(p_1,r)$ wobei gilt: $r=p_2 * 3.32$
	BINARY FIXED (p_2,q_2)	BINARY FIXED(p,q) $p=31$ $q=31-((r-s)+q_2)$ wobei gilt: $r=1+p_1 * 3.32$ $s=q_1 * 3.32$	BINARY FLOAT(p) $p=MAX(r,p_2)$ wobei gilt: $r=p_1 * 3.32$	BINARY FIXED(p,q) $p=31$ $q=31-((p_1-q_1)+q_2)$	BINARY FLOAT(p) $p=MAX(p_1,p_2)$
	BINARY FLOAT (p_2)	BINARY FLOAT(p) $p=MAX(r,p_2)$ wobei gilt: $r=p_1 * 3.32$	BINARY FLOAT(p) $p=MAX(r,p_2)$ wobei gilt: $r=p_1 * 3.32$	BINARY FLOAT(p) $p=MAX(p_1,p_2)$	BINARY FLOAT(p) $p=MAX(p_1,p_2)$

Tab. 2-7. Attribute der Ergebnisse von Divisionsoperationen [16, S. 42]

	Erster Operand	Zweiter Operand (Exponent)	Attribute des Ergebnisses
Fall (1)	FIXED DECIMAL(p_1,q_1)	vorzeichenlose, ganzzahlige Konstante vom Wert n	FIXED DECIMAL(p,q) [mit $p \leqslant 15$] $p=(p_1+1)*n-1$ $q=q_1*n$
Fall (2)	FIXED BINARY(p_1,q_1)	vorzeichenlose, ganzzahlige Konstante vom Wert n	FIXED BINARY(p,q) [mit $p \leqslant 31$] $p=(p_1+1)*n-1$ $q=q_1*n$
Fall (3)	FIXED DECIMAL(p_1,q_1) oder FLOAT DECIMAL(p_1)	FIXED DECIMAL(p_2,q_2) oder FLOAT DECIMAL(p_2)	FLOAT DECIMAL(p) [außer, es tritt Fall (1) oder (7) ein] $p=MAX(p_1,p_2)$
Fall (4)	FIXED BINARY(p_1,q_1) oder FLOAT BINARY(p_1)	FIXED DECIMAL(p_2,q_2) oder FLOAT DECIMAL(p_2)	FLOAT BINARY(p) [außer, es tritt Fall (2) oder (7) ein] $p=MAX(p_1,CEIL(3.32*p_2))$
Fall (5)	FIXED DECIMAL(p_1,q_1) oder FLOAT DECIMAL(p_1)	FIXED BINARY(p_2,q_2) oder FLOAT BINARY(p_2)	FLOAT BINARY(p) [außer, es tritt Fall (1) oder (7) ein] $p=MAX(CEIL(3.32*p_1),p_2)$
Fall (6)	FIXED BINARY(p_1,q_1) oder FLOAT BINARY(p_1)	FIXED BINARY(p_2,q_2) oder FLOAT BINARY(p_2)	FLOAT BINARY(p) [außer, es tritt Fall (2) oder (7) ein] $p=MAX(p_1,p_2)$
Fall (7)	FLOAT DECIMAL(p_1) oder FLOAT BINARY(p_1)	FIXED DECIMAL(p_2,0) oder FIXED BINARY(p_2,0)	FLOAT(p_1) [mit der Basis des ersten Operanden]

Tab. 2-8. Attribute der Ergebnisse von Potenzierungsoperationen [16, S. 43]

3. Listenverarbeitung

3.1 Das Prinzip der Listenverarbeitung

Die Listenverarbeitung baut auf dem schon im Kapitel 1.4 dargestellten Begriff der basisbezogenen Variablen auf. Die Disziplin Informatik versteht unter einer Liste Datenanordnungen, die in einem logisch fortlaufenden Zusammenhang stehen. Anstatt sie aber sequentiell zu speichern, wie es beispielsweise auf dem Datenträger Magnetband geschieht, enthält jeder Datensatz neben seinen Nutzdaten eine Angabe, wo sich der nächste Satz befindet, der in einer logischen Beziehung zu den Nutzdaten dieses Datensatzes steht. Die Verbindung zwischen den einzelnen Datensätzen heißt *Zeiger* (englisch: pointer), weil sie auf Speicherplätze *zeigt.*

Beispiel:

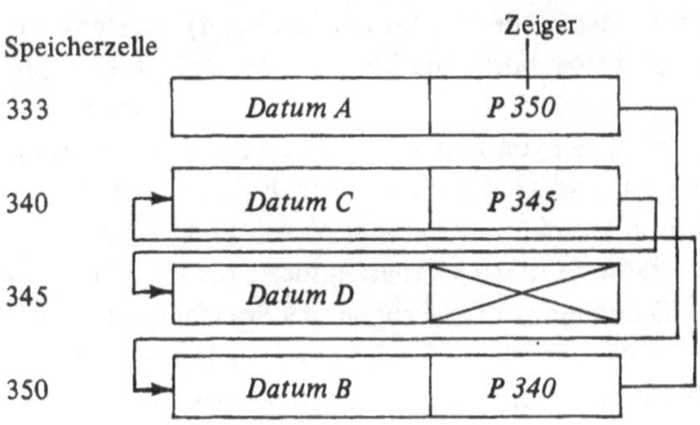

Das Ende der in dieser Weise verketteten Datenanordnung wird durch ein Endesymbol markiert, in obiger Darstellung durch ein Kreuz symbolisiert. Der Vorteil dieser Art, Daten zu speichern, liegt auf der Hand. Es lassen sich neue Datensätze leicht in die vorgegebene Ordnung einfügen, indem die entsprechenden Zeiger verändert werden.

Für eine formale Definition des Begriffs Liste beziehen wir uns auf Knuth [19, S 312]. Danach ist eine Liste eine endliche Menge von Listatomen, Listen und Nullelementen: Listen können also im Sinne einer rekursiven Definition wiederum Listen enthalten. Listatome sind Elemente mit nichtleeren Werten. Man kann Listen als gerichtete Graphen darstellen. Knuth gibt folgendes Beispiel:

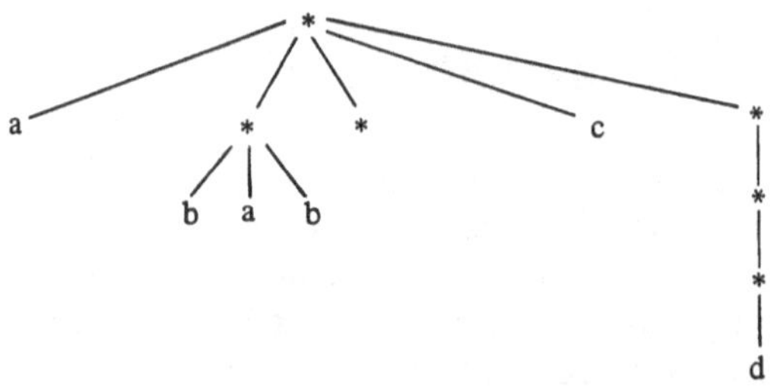

Dieser Graph ist die schematische Darstellung folgender Liste:

L = (a, (b, a, b), ( ), c, (((d))))

Die Liste L verfügt über fünf Elemente, nämlich das Listatom „a", die Liste „(b, a, b)", das Nullelement, das Listatom „c" und die Liste „(((d)))". Die letzte Liste besteht aus der Liste „((d))", die wiederum aus der Liste „(d)" besteht, die schließlich in das Listatom „d" aufgelöst wird. Die Sterne in der obigen Darstellung legen eine Liste fest. Zum Abschluß dieser kurzen theoretischen Darstellung sollen noch zwei wichtige Eigenschaften von Listen erwähnt werden. Unterlisten müssen nichtdisjunkte Mengen sein, und sie dürfen rekursiv definiert werden. An dieser Stelle wollen wir auch schon auf eine gedankliche Verbindung zwischen der Listenverarbeitung und der problemorientierten Programmiersprache PL/1 hinweisen. Wenn ein Kompilierer den Daten eines PL/1-Programms Speicherplatz zuordnet, dann wird automatisch ein Zeiger angelegt, der die Lage der Daten im Speicher angibt. Jede Bezugnahme auf Daten erfolgt über solche Zeiger. Mit den Sprachelementen des Sprachteils Listenverarbeitung bekommt der Programmierer die Möglichkeit, auf diese Zeiger Bezug zu nehmen.

Die Anweisungen, die auf Listen anzuwenden sind, haben vor allem die Aufgabe, neue Datensätze in eine Liste einzufügen oder überholte Datensätze zu stornieren. Dazu ist es nur notwendig, die entsprechenden Zeiger zu ändern. Abb. 3-1 veranschaulicht diesen Sachverhalt. Sie zeigt sechs Listatome. Der obere Teil der Rechtecke soll ihre Adresse andeuten. In diesem Beispiel sei das Element „f" neu in die Liste zwischen „b" und „c" einzusetzen. Dazu ist es nur notwendig, den Wert des Zeigers, der von „b" ausgeht, dem Zeiger von „f" zuzuweisen und dem Zeiger von „b" die Stellung von „f" mitzuteilen. Wenn das Listatom „e" aus der Liste entfernt werden soll, dann muß man den Wert des Zeigers in „e" dem Zeiger in „c" zuweisen.

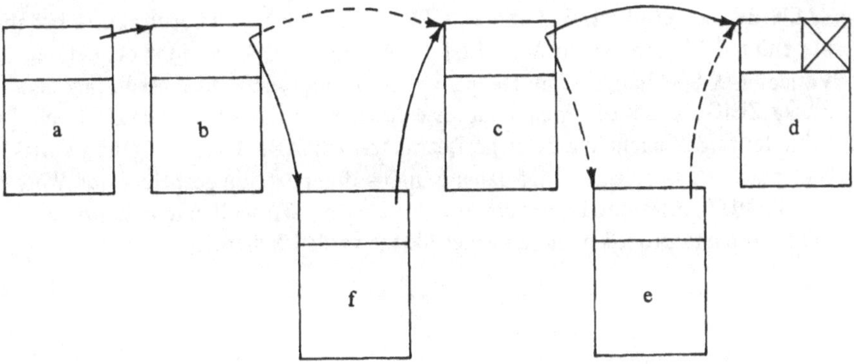

Abb. 3-1: Prinzip der Listenverarbeitung

Eine solche Datenverarbeitung ist vor allem für nichtnumerische Prozesse relevant, bei denen Bit- und Zeichenketten zu manipulieren sind. Deshalb braucht man vor allem für den Kompiliererbau Listverarbeitungs-Sprachen. Auf einen wichtigen Sonderfall von Listen müssen wir der begrifflichen Klarheit wegen hinweisen. So gehören zu dieser Kategorie von Datenanordnungen auch Tabellen, die im technisch-wissenschaftlichen Bereich und in der kommerziellen Datenverarbeitung häufig zu finden sind, um beispielsweise Meßdaten oder Kontenbestände aufzunehmen. Es sind deshalb sowohl eindimensionale und mehrdimensionale Bereiche als auch Strukturen in PL/1 eine Sonderform von Listen, die dadurch charakterisiert ist, daß ihre Struktur nicht Gegenstand der Datenverarbeitung ist.

Eine solche Form, Daten zu speichern, heißt in PL/1 *basisbezogene Variable* und wird mit dem Speicherklassenattribut „BASED" belegt. Wir wollen dafür ein erstes kleines Programmierbeispiel anführen, das keine große praktische Bedeutung hat, sondern nur das Wesen basisbezogener Variabler aufzeigen soll.

```
BEISP4:  PROC OPTIONS (MAIN);
         DCL X BASED (ZEIGER);
         DO I = 1 TO 10;
         ALLOCATE X;
             X = I;
         PUT SKIP LIST (X):
             END;
         END BEISP4;
```

In diesem Programm wurde das Arbeitsobjekt X als basisbezogene Variable vereinbart und ihr implizit durch den Bezeichner in runden Klammern der Zeiger

„ZEIGER" zugeordnet. Wie immer in PL/1 hat diese Vereinbarung zunächst aber nur einen deklaratorischen Wert. Erst die ALLOCATE-Anweisung ordnet der Variablen X Speicherplatz im Hauptspeicher zu und setzt auf diesen Platz den Zeiger ZEIGER, der die Speicheradresse dieses Arbeitsobjektes festhält. In der DO-Schleife werden nacheinander zehn Dezimalzahlen in der basisbezogenen Variablen X gespeichert. Der Zeiger zeigt dabei immer auf den letzten gespeicherten Wert, so daß die PUT-Anweiung immer diesen Wert ausgibt. Wir wollen den damit verbundenen Speicherprozeß noch mit einer Skizze verdeutlichen:

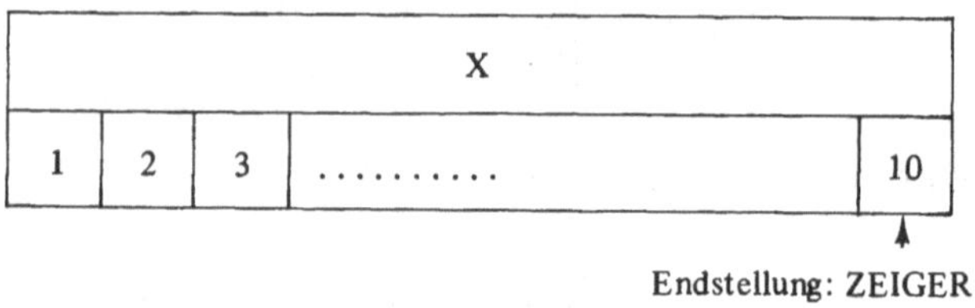

Der mit der basisbezogenen Variablen X fest verbundene Zeiger wandert während des Speicherprozesses in dieser Darstellung von links nach rechts. Es erhebt sich natürlich sofort die Frage, wie man diese zehn gespeicherten Daten wieder lesen kann. Die einfachste Methode besteht darin, wie in der maschinenorientierten Programmierung jedem Arbeitsobjekt einen Zeiger zuzuordnen, der seine Speicheradresse repräsentiert. Um dies zu erreichen, muß das obige Programmierbeispiel in der Weise erweitert werden, daß mit jeder Speicherplatzzuordnung durch eine ALLOCATE- Anweisung und damit auch mit jedem Speicherprozeß ein Zeiger vergeben wird, der auf diesen Speicherplatz zeigt. Es ist also notwendig, die zehn Werte, die von der Zeigervariablen „ZEIGER" in diesem Programm durchlaufen werden, festzuhalten. Zweckmäßigerweise greift man dabei auf einen Bereich zurück. So wurde im nachfolgenden erweiterten Programmierbeispiel „BEISP5" durch das Attribut POINTER ein Bereich „Z" definiert, der aus zehn Zeigern besteht. In der ersten DO-Schleife ordnet die Funktion „ADDR" (s. Anhang A2) nach der Ausführung jeder ALLOCATE- Anweisung in einer Ergibtanweisung die Adresse des in dieser Anweisung aktivierten Speicherplatzes einem Element von Z zu. In der zweiten DO-Schleife werden dann diese Werte der Zeigervariablen, die mit der basisbezogenen Variablen X verbunden ist, mitgeteilt, so daß sie jedes gespeicherte Arbeitsobjekt identifizieren kann. In dieser Weise druckt die PUT-Anweisung die gespeicherten Werte entgegengesetzt zur Speicherungsrichtung wieder aus.

Beispiel:

```
BEISP5:   PROC   OPTIONS  (MAIN);
          DCL  X BASED     (ZEIGER),Z (10) POINTER;
               DO I =  1  TO  10;
```

```
      ALLOCATE X;
      Z (I)= ADDR (X);
         X = I;
      PUT SKIP LIST (X);
         END;
      DO K= 10 TO 1 BY -1;
  ZEIGER = Z (K);
      PUT SKIP LIST (X);
         END;
         END BEISP5;
```

Die Zuordnung der Zeiger Z (I) zu den zehn gespeicherten Arbeitsobjekten wollen wir noch schematisch darstellen:

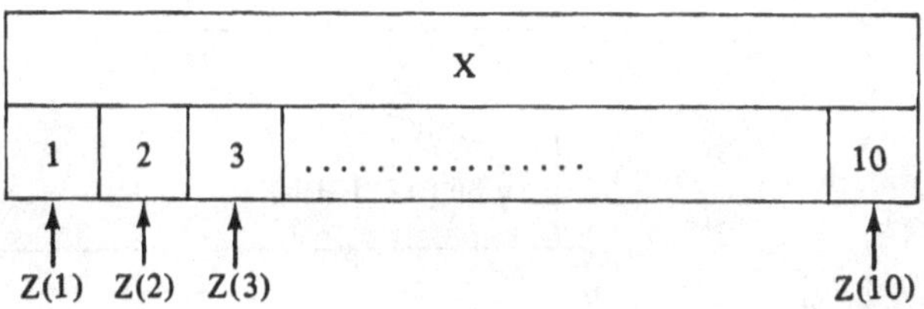

Diese Form, Daten zu speichern, ist ein in der Praxis selten vorkommender Sonderfall einer Liste; denn sie besteht nur aus Listatomen, die unter sich nicht verkettet sind.

Mit dem Speichern von Listen sind inhärent Zeiger verbunden. Wir müssen deshalb schon jetzt diesem neuartigen Sprachelement besondere Aufmerksamkeit widmen. Zeiger, genauer gesagt Zeigervariable, dienen nach alldem, was bereits zu diesem Begriff ausgesagt wurde, der Lokalisierung von Werten eines Arbeitsobjektes (Lokalisierungsvariable). Sie stellen damit nur Speicheradressen dar und liefern keine weiteren Informationen über Arbeitsobjekte, wie Angaben über ihre Datenattribute. Während in der maschinenorientierten Programmierung der Umgang mit Speicheradressen für den Programmierer nichts Neues ist, verlangt die Listenverarbeitung vom problemorientierten Programmierer ein Umdenken. Er muß wieder, wie in den Anfängen der Datenverarbeitung, sowohl den Inhalt eines Arbeitsobjektes als auch seinen Speicherplatz bei der Programmierung berücksichtigen. Der Programmierer kann auch diese Klasse von Variablen, wie immer in PL/1, explizit oder implizit definieren. Explizit legt er sie in einer Vereinbarung fest, indem er einem Bezeichner das Attribut „POINTER" zuordnet. Eine Form der impliziten Zeigerdefinition haben wir gerade kennengelernt, indem automatisch jede Vereinbarung einer basisbezogenen Variablen mit der Definition einer Zeigervariablen verbunden ist. Eine andere Art, Zeigervariable implizit in einem Programm einzuführen, wurde bereits in der Einführung in Verbindung mit dem satzweisen Datenverkehr skizziert [24, S. 140 ff.]. Es handelt sich dort darum, Pufferspeicher, die nicht adressierbar sind, mit Hilfe von Zeigern und basisbezogenen Variablen zu strukturieren. Die Verwendung von Zeigern im satzweisen Datenverkehr ist aber nur ein Spezialfall der Listenverarbeitung. Man kann daran aber recht gut die Funktion von Zeigern und basisbezogenen Variablen studieren, weshalb wir jetzt dieses Beispiel noch einmal aufgreifen. Schematisch dargestellt handelt es sich dort um folgenden Ablauf;

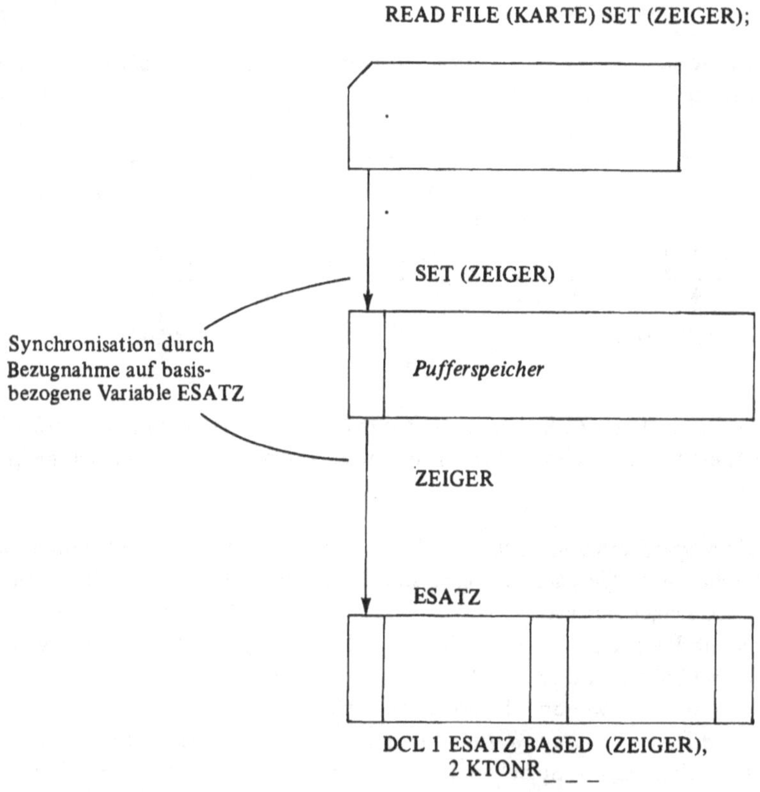

Eine Anweisung READ FILE (KARTE) SET (ZEIGER) liest einen Satz einer Eingabedatei „KARTE" und überträgt ihn in einen Eingabepufferspeicher. Auf Grund des SET-Zusatzes wird aber die Weitergabe dieses Satzes an den Hauptspeicher unterbunden und statt dessen diesem Pufferspeicher die Zeigervariable ZEIGER zugeordnet. Der Zeiger der basisbezogenen Variablen ESATZ, die eine Struktur ist, gibt die Adresse dieser Struktur an und bezieht sich wie der Bezeichner ESATZ auf die gesamte Struktur. Da in der READ-Anweisung und in der

Vereinbarung dieser Struktur dieselbe Zeigervariable „ZEIGER" auftritt, erfolgt automatisch eine Wertzuweisung dieser beiden Variablen wie in einer Zuordnungsanweisung und zwar auf Grund der Identität der Zeiger. Dem Pufferspeicher wird in dieser Weise quasi als Maske die Struktur von „ESATZ" aufgeprägt. Jeder funktionelle Bezug auf die Struktur ESATZ ist deshalb identisch mit der physischen Bezugnahme auf den Pufferspeicher. Die basisbezogene Variable ESATZ beschreibt in diesem Prozeß die Strukturierung des Pufferspeichers. Sie kann selbstverständlich auch zur Beschreibung anderer Datensätze verwendet werden, sofern der Wert des Zeigers „ZEIGER" einer anderen Zeigervariablen zugeordnet wird.

Die Funktion der Zeigervariablen ZEIGER in obiger Skizze, die auf die basisbezogene Variable ESATZ *zeigt*, kann auch in der Form ausgedrückt werden:

ZEIGER -> ESATZ *

Dieser Zeiger identifiziert aber auch alle Unterstrukturen und Strukturelemente von ESATZ, so daß beispielsweise auch gilt:

ZEIGER -> KTONR

Eine basisbezogene Variable durch einen Zeiger zu identifizieren, nimmt in der PL/1-Listenverarbeitung eine zentrale Stellung ein. Wir wollen deshalb noch einige Beispiele für diese sprachliche Formulierung bringen. Zusammen mit einer basisbezogenen Variablen kann nur ein Zeiger fest vereinbart werden. Es ist aber durchaus zulässig und in der Praxis auch häufig anzutreffen, daß mehrere Zeiger auf dieselbe basisbezogene Variable zeigen. In diesem Fall ist es notwendig, eine Wertzuweisung zwischen den einzelnen Zeigern mit Hilfe einer Zuordnungsanweisung vorzunehmen.

Beispiel:

Z_1 -> BV = Z_2 -> BV;

In diesem Fall wird der Wert des Zeigers Z_2, der auf die basisbezogene Variable BV zeigt, dem Wert des Zeigers Z_1, ebenfalls weisend auf BV, zugeordnet. In der Praxis benötigt man eine solche Zeigerzuordnung, um aus Datensätzen Listen aufzubauen, wobei jedem Datensatz ein Zeiger zum nächsten Datensatz hinzuzufügen ist. Da Zeigerdaten mit Nutzdaten wenig gemeinsame Attribute haben, werden in PL/1 in der Regel Listen als Strukturen organisiert.

* Das Zeigersymbol „ ->" ist eine Zweizeichenfolge, bestehend aus dem Minuszeichen und dem Größerzeichen. Es ist kein Operator im Sinne von PL/1.

Beispiel:

```
DCL 1 SATZ BASED (ZEIGER_1),
      2 WORT CHAR (10)
      2 ZEIGER_2 POINTER;
```

Hier haben wir bereits ein praktisches Beispiel vor uns, in dem zwei Zeiger, nämlich ZEIGER_1 und ZEIGER_2, mit derselben basisbezogenen Variablen SATZ verbunden sind. Dabei zeigt in der unter der Adresse „SATZ" gespeicherten Liste ZEIGER_2 auf das nächste gespeicherte „WORT", schematisch dargestellt:

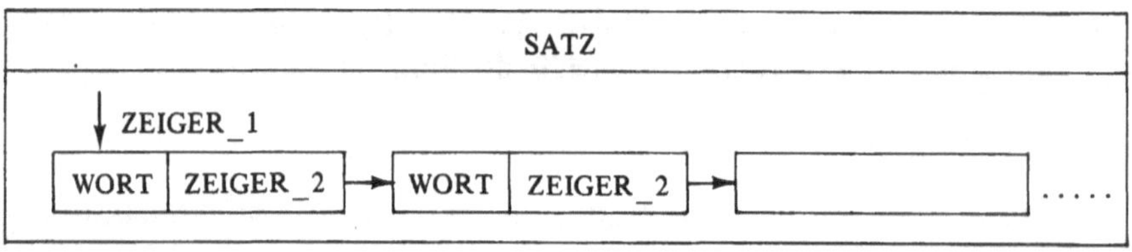

Um die einzelnen Werte des Zeigers ZEIGER_2, die die Speicheradressen der einzelnen Worte repräsentieren, unterscheiden zu können, benötigt man eine Notation, wie sie oben eingeführt wurde. So ist es beim Aufbau dieser Liste im Hauptspeicher notwendig, die Stellung des Zeigers ZEIGER_1 für den gerade zu speichernden Datensatz der Zeigervariablen ZEIGER_2 des letzten bereits gespeicherten Satzes mitzuteilen, damit er dort deponiert werden kann. Man erreicht dies, indem man einen weiteren Zeiger P einführt und folgende Zuordnung durchführt:

```
P -> ZEIGER_2 = ZEIGER_1 -> WORT;
```

Dem Zeiger ZEIGER_2, identifiziert durch die Stellung des Zeigers P, ordnet diese Anweisung den Wert des Zeigers ZEIGER_1, der auf das Datenelement WORT zeigt, zu. Da aber die basisbezogene Variable SATZ ohnehin zusammen mit dem Zeiger ZEIGER_1 vereinbart wurde, kann man diese Zuordnungsanweisung auch vereinfachen:

```
P -> ZEIGER_2 = ZEIGER_1;
```

Wir wollen jetzt diese Form der Zeigerzuordnung auf ein Programmierbeispiel anwenden, das eine verkettete Liste im Sinne von Abb. 3-1 aufbaut (BEISP6). Es sollen beispielsweise in einer Struktur „SATZ" fünf Datenworte, die aus maximal zehn Zeichen bestehen können, in Form einer Liste gespeichert werden. Mit jedem Datenwort ist also ein Zeiger zu verknüpfen, der, wie in der letzten Skizze angedeutet, auf das nächste Datenwort zeigt (ZEIGER_2). Um später eine gespeicherte Liste wieder auffinden zu können, muß man bei ihrem Aufbau die Adresse des ersten Elements dieser Liste, den Listenkopf „HEAD", festhalten. Er verkörpert in unserem Beispiel die Speicheradresse des ersten Datenwortes („ADAM"). Wenn die ALLOCATE-Anweisung zum ersten Mal Speicherplatz der basisbezogenen Variablen „SATZ" zuordnet, ist die Stellung des mit ihr verbundenen Zeigers „ZEIGER_1" diese Speicheradresse. Die nachfolgend notierte Zuordnungsanweisung weist sie dem Zeiger HEAD zu. Anschließend wird das erste Datenwort in der basisbezogenen Variablen WORT gespeichert. In gleicher Weise sorgt die anschließende DO-Schleife dafür, daß die weiteren vier Datenworte in der basisbezogenen Variablen SATZ abgespeichert werden. Wie oben schon erwähnt, wird dabei mit Hilfe des Zeigers P immer die letzte Speicherzuordnung der Unterstruktur ZEIGER_2 identifiziert. In der nächsten schematischen Darstellung halten wir den Zustand fest, der für den Fall gilt, daß die Laufvariable der DO-Schleife den Wert vier hat:

DO I = 4

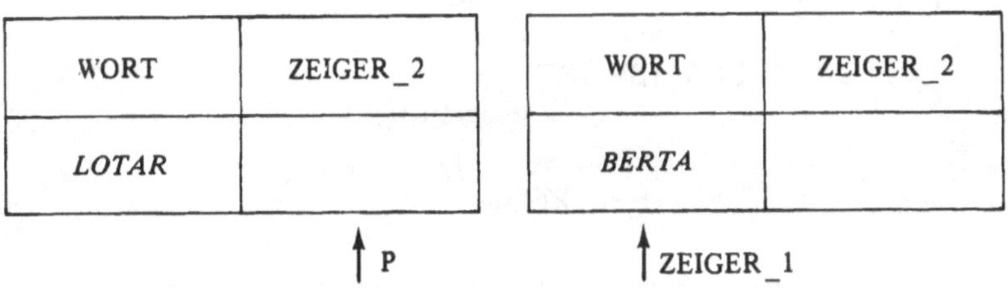

P –> ZEIGER_2 = ZEIGER_1;

Der letzte Durchlauf der DO-Schleife (I = 3) hat das Datenwort „LOTAR" gespeichert. Die letzte Anweisung in dieser Schleife hielt die Stellung des Zeigers ZEIGER_1 fest und ordnete sie dem Zeiger P zu, so daß P –> ZEIGER_2 auf die Unterstruktur zeigt, die sich an das Datenwort „LOTAR" anschließt. Dieser Unterstruktur wird nun beim Durchlauf I = 4 die Speicheradresse des Datenworts „BERTA" zugewiesen, die sich aus der Stellung des mit der basisbezogenen Variablen SATZ verbundenen Zeigers ZEIGER_1 ergibt. Schließlich muß auch noch das Ende einer Liste, das wir in Abb. 3-1 durch ein Kreuz markiert haben, generiert werden. Dazu dient die Funktion NULL, die einem Zeiger den Wert „Null" zuordnet (s. Anhang A2). So wird in unserem Beispiel nach Durchlaufen der Do-Schleife in der letzten Unterstruktur ZEIGER_2 der Zeigerwert Null gespeichert, der angibt, daß diese Verkettung beendet ist. Damit ergibt sich folgendes Programm:

```
BEISP6:   PROC   OPTIONS (MAIN);
          DCL  1  SATZ  BASED (ZEIGER_1),
                  2  WORT  CHAR (10),
```

```
        2  ZEIGER_2  POINTER,
        AWORT (5) CHAR (10) INIT ('ADAM', 'EVA', 'LOTAR',
        'BERTA', 'IDA'), BWORT  CHAR (10), (HEAD,P)
        POINTER;
        ALLOCATE  SATZ;
              P,HEAD = ZEIGER_1;
                WORT = AWORT (1);
                 DO I = 2 TO 5;
        ALLOCATE  SATZ;
                WORT = AWORT (I);
  P -> ZEIGER_2,    P = ZEIGER_1;
                     END;
  P -> ZEIGER_2 =  NULL;
/* LESEN GESPEICHERTE LISTE */
                    P = HEAD;
        DO  WHILE  (P ¬= NULL);
                 BWORT = P -> WORT;
     PUT SKIP LIST  (BWORT);
                      P = P -> ZEIGER_2;
                   END;
                   END BEISP6;
```

In diesem Programm haben wir auch noch den Fall berücksichtigt, daß die gespeicherte Liste wieder gelesen werden soll. Dazu ist es zunächst notwendig, dem Zeiger P den Kopf der Liste zuzuweisen. Anschließend werden in einer DO WHILE-Schleife die gespeicherten Datenworte so lange aufgerufen, bis der Zeiger ZEIGER_2 den Wert Null hat. Natürlich ist es nach dieser Methode auch möglich, mehrfache Verkettungen innerhalb einer Liste aufzubauen. Zwei typische Beispiele wollen wir nennen. Um eine Liste vorwärts und rückwärts durchsuchen zu können, ist es notwendig, daß mit jedem Listatom zwei Zeiger verbunden sind, von denen der eine auf das vorhergehende Listatom zeigt und der zweite auf das nachfolgende. Ein anderes Beispiel ist die Sortierung mit Hilfe von Zeigern, indem ein zweiter Zeiger, der ebenfalls mit jedem Listatom verbunden ist, die Ordnungsrelation herstellt.

Diese einführende Darstellung der Listenverarbeitung wollen wir abschließen, indem schon hier kurz die speziellen Regeln für die *Prozeduraufruftechnik* von Listen dargestellt werden. Der größte Unterschied gegenüber den bisher behandelten Sprachteilen von PL/1 besteht darin, daß basisbezogene Variable nicht als Parameter im Prozeduraufruf aufscheinen dürfen. Diese Einschränkung ist aber nicht so schwerwiegend, wie es auf den ersten Blick erscheint; denn es dürfen Zeiger zwischen Prozeduren übergeben werden, wodurch sich grundsätzlich dasselbe erreichen läßt. Diese Behauptung soll mit einem kleinen Programmierbeispiel belegt werden. Wir greifen dazu das Programm „BEISP5" auf. Es soll dort eine eigene Prozedur den Abruf der gespeicherten Werte und den Druckprozeß übernehmen. Zunächst würde man unterstellen, daß zu diesem Zweck die aufrufende Prozedur die basisbezogene Variable X an die aufgerufene übergibt. Da die Sprachsyntax eine solche Parameterübergabe aber nicht zuläßt, kann nur der Zeigerbereich Z für den Prozeduraufruf verwendet werden. Damit ergibt sich folgendes modifiziertes Programm:

```
BEISP7:  PROC OPTIONS (MAIN);
         DCL X BASED (ZEIGER) , Z (10) POINTER;
         DO I = 1 TO 10;
         ALLOCATE X;
         Z (I) = ADDR (X);
            X = I ;
            END;
         CALL PUT (Z) ;
         END BEISP7 ;
   PUT:  PROC (Z) ;
         DCL Z (*) POINTER,Y BASED (P) ;
         DO K = 10 TO 1 BY -1 ;
            P = Z (K) ;
         PUT SKIP LIST (Y) ;
            END;
            END PUT;
```

Es fällt auf, daß in der Prozedur PUT die basisbezogene Variable Y, die mit dem Zeiger P verbunden ist, überhaupt keine Werte erhält, trotzdem aber die PUT-Anweisung dieser Prozedur Werte ausdruckt. Der Grund ist darin zu sehen, daß dem Zeiger P sukzessive Werte aus dem Zeigerbereich Z zugewiesen werden, so daß im Hauptspeicher die Variable Y quasi X überlagert. Diese Prozedurübergabetechnik ähnelt dem DEFINED- Attribut. Sie kann auch variabel lange Parameterlisten der herkömmlichen Prozedurtechnik simulieren.

Listen sind ein typisches Beispiel für eine rekursiv definierte Datenorganisation. Es liegt deshalb nahe, für Prozeduraufrufe rekursive Techniken zu bevorzugen. Es soll diese Aussage am Beispiel der Übungsaufgabe LOES14 der Einführung, die ein Programm für das rekursive Sortieren von Daten entwickelt [24, S. 175, 293], weiter vertieft werden. Der Sortierprozeß läuft dort in der Weise ab, daß immer, wenn das Unterprogramm eine absteigende Sortierfolge feststellt, die beiden Daten miteinander vertauscht werden und das Programm von vorne mit der Prüfung beginnt, ob eine aufsteigende Sortierfolge vorliegt. Auf die Listenverarbeitung übertragen, bedeutet dies, daß nur Zeiger, die die Verkettung innerhalb der Liste herstellen, zu vertauschen sind.

Beispiel:

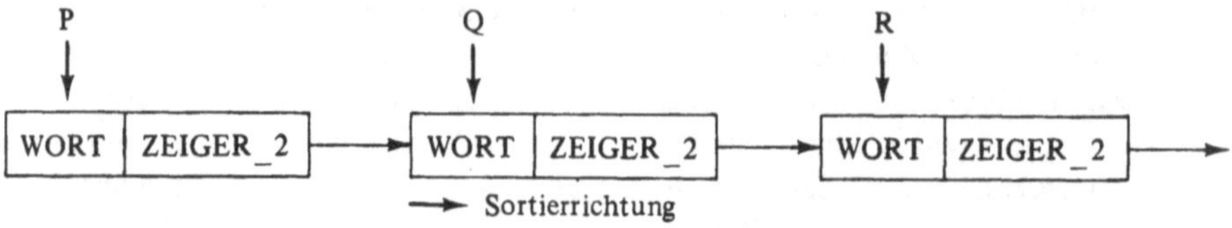

Die Grundanweisung des Sortierprozesses ist der Vergleich, ob die Bedingung gültig ist: R –> WORT > Q –> WORT. Lautet die Antwort auf diesen Vergleich „Nein", dann ist der Zeiger, der von dem ersten Listatom in dieser Kette auf das zweite zeigt, in einen Zeiger auf das dritte umzusetzen. Analog dazu ist der Zeiger vom dritten Listatom auf das vierte dem Zeiger, der vom zweiten Listatom auf das dritte zeigt, mitzuteilen. Im nachfolgenden Programm müssen deshalb bei absteigender Sortierfolge drei Zeigerzuweisungen durchgeführt werden:

```
P –> ZEIGER_2 = Q –> ZEIGER_2 ;
R –> ZEIGER_2 = P –> ZEIGER_2 ;
Q –> ZEIGER_2 = R –> ZEIGER_2 ;
```

Für den Fall, daß der Zeiger Q auf das erste Listatom der Liste zeigt, hat der Zeiger P keine Funktion. In diesem Fall muß der Listenkopf den Wert des Zeigers R erhalten. Die obige Anweisungsfolge ist dann wie folgt zu modifizieren:

```
R –> ZEIGER_2 = ZEIGER;
Q –> ZEIGER_2 = R –> ZEIGER_2 ;
     ZEIGER   = R;
```

Dabei blieb zunächst unberücksichtigt, daß noch ein Zwischenspeicher für Zeigerwerte einzurichten ist („S" im nachfolgenden Programm), der bei dieser Vertauschung einen Zeigerwert aufnehmen muß, damit er nicht vorzeitig überschrieben wird. Damit kommen wir zu folgendem Unterprogramm, das rekursiv eine Liste sortiert:

```
SORT:   PROC  (ZEIGER) RECURSIVE ;
        DCL  (P,Q,R,S, /* HILFSZEIGER FUER SORTIERPROZESS */
               ZEIGER) POINTER,
             1 SATZ  BASED (ZEIGER_1) ,
               2 WORT  CHAR (10) ,
               2 ZEIGER_2  POINTER ;
                 ZEIGER_1 ,Q  =  ZEIGER ;
                           R  =  Q –> ZEIGER_2 ;
                 DO WHILE (R ¬= NULL) ;
                 IF  R –>  WORT > Q –>  WORT THEN DO ;
```

```
                         P = Q ;
                         Q = R ;
                         R = R -> ZEIGER_2 ;
                      IF R = NULL THEN RETURN ;
                           END ;
                                     ELSE DO ;
                      IF Q = ZEIGER THEN DO ;
                         S = ZEIGER ;
                    ZEIGER = R ;
          Q ->    ZEIGER_2 = R  ->  ZEIGER_2 ;
          R ->    ZEIGER_2 = S ;
                           END ;
                                     ELSE DO ;
                         S = P  ->  ZEIGER_2 ;
          P ->    ZEIGER_2 = Q  ->  ZEIGER_2 ;
          Q ->    ZEIGER_2 = R  ->  ZEIGER_2 ;
          R ->    ZEIGER_2 = S ;
                           END ;
                      GOTO CALL ;
                           END ;
                           END ;
CALL:  CALL  SORT (ZEIGER) ;
                           END SORT;
```

Übungsaufgaben

3.1 Es ist unter dem Namen ANZ ein externes Funktionsunterprogramm zu schreiben, das die Anzahl der Listatome, die in einer Liste gespeichert sind, als dezimale Festpunktgröße (Genauigkeit: fünf Stellen) ermittelt. Dieses Programm ist auf das Beispiel „BEISP6" anzuwenden und zwar anstelle des Teils, der dort die gespeicherte Liste ausdruckt.

3.2 Es ist unter dem Namen „EIN" eine externe Prozedur zu programmieren, die an der i. Stelle einer Liste ein Listatom einfügt (s. Abb. 3-1). Dieses Programm ist wiederum auf das Beispiel „BEISP6" anzuwenden. Es soll dort an der dritten Stelle der gespeicherten Liste das Datenelement „ANNA" eingefügt werden.

3.3 Ein Programmierer soll das Programm „BEISP6" in der Weise umschreiben, daß das Hauptprogramm die Daten, nachdem sie gespeichert wurden, sortiert. Für die Sortierfolge ist eine zusätzliche Verkettung der Listatome durch Zeiger herzustellen, so daß der Sortierprozeß die gespeicherte Liste nicht modifiziert. Man kann also diese Liste danach sowohl in sortierter Reihenfolge als auch in der Speicherfolge lesen.

3.4 Für das Kopieren einer gespeicherten Liste ist ein rekursives Unterprogramm unter dem Namen „COPY" zu entwerfen. Der Einfachheit halber kann dabei unterstellt werden, daß die kopierte Liste in umgekehrter Folge zur ursprünglichen Liste gespeichert werden soll.

3.2 Anweisungen und Vereinbarungen für die Listenverarbeitung

3.2.1 Die Vereinbarung der Arbeitsobjekte in der Listenverarbeitung

Wir wollen dieses Kapitel mit den *Vereinbarungen*, die speziell nur im Sprachbereich der Listenverarbeitung vorkommen, beginnen. Es handelt sich um fünf Attribute, die jetzt detailliert zu beschreiben sind (s. Abschnitt 1.3.2), nämlich

AREA
BASED
OFFSET
POINTER
REFER.

Es soll in den nun folgenden Erörterungen nicht alphabetisch vorgegangen werden, sondern diese Attribute sind in einem funktionellen Zusammenhang darzustellen. Deshalb beginnen wir mit dem Attribut BASED, das, wie schon beschrieben, die Grundlage der Listenverarbeitung ist. Es legt ähnlich wie CONTROLLED fest, daß die Zuordnung von Speicherplätzen zu Arbeitsobjekten nicht automatisch beim Eintritt in eine Prozedur erfolgt, sondern fallweise vom Programm vorgenommen wird. Mehrfachzuordnungen von Speicherplätzen zu ein und derselben Variablen führen aber nicht wie bei CONTROLLED zu einer Stapelbildung. Alle gespeicherten Arbeitsobjekte sind über die mit der basisbezogenen Variablen verbundene Zeigervariable ohne ALLOCATE- Anweisung jederzeit abrufbar. Besonders ist zu beachten, daß diese Vereinbarung implizit einen Zeiger definiert, ihm aber keinen Wert zuweist. Dazu sind spezielle Aktionen notwendig. Die formale Definition dieses Speicherklassenattributs lautet:

BASED (<elementzeigervariable>)

Die mit einer basisbezogenen Variablen verbundene Zeigervariable muß eine Elementvariable oder ein Element einer Struktur sein.

Beispiel:

```
DCL 1 STRUKTUR,
        2 DATEN CHAR (80),
        2 X POINTER,

        ----------------
      A BASED (X),
```

Der Programmierer darf auch Bereiche bilden, die Zeigervariable enthalten. Damit aber Bereichselemente als Zeiger zur Lokalisierung von Daten verwendet werden können, muß der Programmierer dafür sorgen, daß der Wert eines Bereichselementes einer Elementzeigervariablen zugewiesen wird (s. BEISP5). Für basisbezogene Variable gelten eine Reihe weiterer Einschränkungen:

1. In Strukturen darf man nur die Hauptstruktur (Stufennummer Eins) als basisbezogene Variable definieren. Diese Vereinbarung gilt dann auch automatisch für alle Unterstrukturen der so vereinbarten Hauptstruktur.
2. Sie können nicht in der Form des DATA-gesteuerten Datenverkehrs übertragen werden*.
3. Es ist fernerhin nicht zugelassen, basisbezogenen Variablen mit Hilfe des Attributs INITIAL Anfangswerte zuzuweisen*.
4. Auch die Attribute EXTERNAL und VARYING* darf der Programmierer nicht bei der Vereinbarung basisbezogener Größen notieren.

Beispiele für gültige Vereinbarungen**:

```
DCL ZAHL BIN FLOAT (25) BASED (Z_1),
    ORT CHAR (10) BASED (Z_2),
    BEREICH (5,3) FIXED (6,2) BASED (Z_3),
    1 STRUKTUR BASED (Z_4),
      2 KETTE BIT (10),
      2 BEREI (5,3) FIXED (6,2),
    1 BER (100) BASED (Z_5),
      2 NUMMER CHAR (5),
      2 DATEN CHAR (20);
```

Bei Strukturen, die eine basisbezogene Variable darstellen, wie im obigen Beispiel die Struktur „STRUKTUR", ist zu beachten, daß die Adresse der Hauptstruktur nicht identisch ist mit der Adresse der ersten Unterstruktur; denn Kompilierer speichern häufig Steuerinformationen nach der Hauptstruktur und zwar

* Diese Einschränkung gilt nicht für den Checkout-Compiler.

** Im Checkout-Compiler sind auch zugelassen:

```
ZAHL BIN FLOAT (25)  BASED (Z_1)  INIT (123.45),
ORT CHAR (10) VARYING BASED (Z_2),
```

vor der ersten Unterstruktur. Wenn man im obigen Beispiel die Funktion ADDR auf die Variable STRUKTUR und die Variable KETTE anwendet und beide Adressen miteinander vergleicht, ist das Ergebnis ungleich. Dasselbe gilt für Bereiche. So ist, wieder im obigen Beispiel, die Adresse von „BEREICH" nicht notwendigerweise identisch mit „BEREICH (1,1)".

Speicherplätze für basisbezogene Variable sind Teile des Hauptspeichers. Nun ist es in der Listenverarbeitung, wie auch sonst in der Datenverarbeitung, häufig notwendig, immer dann, wenn die Hauptspeicherkapazität nicht mehr ausreicht, auf periphere Speicher wie Magnetplattenspeicher oder Magnetbandspeicher auszuweichen. Diese Aussage gilt insbesondere für den Bereich der Textverarbeitung, mit dem inhärent große Datenvolumina verbunden sind. Beim Auslagern basisbezogener Variabler aus dem Hauptspeicher auf periphere Speicher tritt ein Problem auf, das in der herkömmlichen problemorientierten Programmierung unbekannt ist. Mit dem Auslagerungsprozeß verändern sich notgedrungen Speicheradressen und damit auch die Adreßzuordnung von Zeigern zu den ausgelagerten basisbezogenen Variablen. Um zu vermeiden, daß in einem solchen Fall alle Adreßzuordnungen neu generiert werden müssen, läßt die PL/1-Syntax zu, spezielle Bereiche, Gebiete genannt (englisch area), für basisbezogene Variable einzuführen. Sie werden als Ganzes mit den Anweisungen des satzweisen Datenverkehrs (READ und WRITE) aus- und eingelagert. Diese Gebiete bilden quasi einen virtuellen Adreßraum, auf dessen Anfangsadresse sich alle Zeiger basisbezogener Variabler innerhalb des Gebiets (relative Zeiger) beziehen. Sie bleiben deshalb vom Auslagerungsprozeß unberührt. Gebiete kann der Programmierer durch das Attribut AREA, gegebenenfalls zusammen mit der gewünschten Gebietsgröße, explizit in einer Vereinbarung definieren. Ihre formale Darstellung lautet:

AREA [(<gebietsgröße>)]

Die Größe des Gebiets wird entweder unmittelbar in Bytes angegeben oder berechnet sich aus dem ganzzahligen Anteil eines Ausdrucks. Hat ein Programmierer die Gebietsgröße nicht explizit festgelegt, dann unterstellt der Kompilierer einen Wert von 1000 Bytes. Die maximale Größe ist für den F-Compiler 32 767 Bytes und für den Checkout-Compiler 16 777216 Bytes. Auch für diese Variablenklasse sind einige spezielle Regeln zu beachten. So gibt es für Gebietsvariable keine Datenkonvertierungen. Daraus folgt, daß auf den beiden Seiten einer Zuordnungsanweisung als Operanden nur Daten des Typs AREA auftreten können. Auch sind Verarbeitungsoperationen an Gebietsvariablen einschließlich der Operation „¬=", die sogar für Zeiger noch zugelassen ist, verboten. Gebiete können auch wieder implizit definiert werden und zwar im Zusammenhang mit dem Attribut OFFSET, das noch zu besprechen sein wird, und dem IN-Zusatz der ALLOCATE-Anweisung. Schließlich muß man beachten, daß zur definierten Gebietsgröße noch 16 Bytes für Steuerinformationen dazutreten. Dieser Wert ist bei den Vereinbarungen des satzweisen Datenverkehrs für das Einlagern und Auslagern von Gebieten neben der Gebietsgröße zu berücksichtigen. Auch die Initialisierung von Gebietsvariablen unterliegt wiederum einer Einschränkung. Es ist nur die Form INITIAL CALL* zugelassen.

Beispiele für gültige *Gebietsvereinbarungen:*

```
DCL G_1 STATIC AREA,
    G_2 AREA (N),
    G_3 AREA (M) CONTROLLED,
    G_4 AREA  BASED (ZEIGER),
    G_5  (2,3)  AREA (10000),
    G_6 AREA  DEFINED G_1,
    G_7 AREA  (*),
     1 G_8,
        2 A AREA (100),
        2 B,
          3 C AREA (200),
          3 D AREA (300);
```

Diese Beispiele zeigen, daß Gebietsvariable sämtliche Speicherklassenattribute besitzen dürfen. Die Größe des Gebiets G_2 wird durch den Wert von N bestimmt, den diese Variable zum Zeitpunkt hat, in dem der Block aktiv ist, zu dem G_2 gehört. Das Gebiet G_3 wurde mit dem Attribut CONTROLLED versehen, was bedeutet, daß die Gebietsgröße M entweder durch die ALLOCATE-Anweisung, die diesem Gebiet Speicherplatz zuordnet, bestimmt wird oder wie im Fall von G_2 nur durch den Wert von M zur Zeit der Aktivierung des entsprechenden Blocks. Die Beispiele G_5 und G_8 sollen zeigen, daß auch Bereiche und Strukturen als Gebiete definiert werden dürfen. G_6 demonstriert das überlagernde Definieren von Gebieten. Dabei müssen die betroffenen Gebiete gleich groß sein. Es wäre also nicht zugelassen, daß ein Programmierer G_1 oder G_6 explizit mit einer anderen Größe als 1000 Bytes definiert. Die Vereinbarung G_7 darf wie üblich bei der Sternnotation natürlich nur in einem Unterprogramm oder einer Funktion auftreten.

* Diese Einschränkung gilt nicht für den Checkout-Compiler.

Beispiel für die Vereinbarung und Initialisierung von Gebieten:

```
BEISP8:  PROC OPTIONS (MAIN);
         DCL GEBIET AREA (100) INITIAL CALL INITG (GEBIET),
             LISTE FILE RECORD OUTPUT ENV (F(116));
         WRITE FILE (LISTE) FROM (GEBIET);
             END BEISP8 ;
 INITG:  PROC (GEBIET);
         DCL GEBIET AREA (100),
             DATEN CHAR (10) BASED (Q);
             GEBIET = EMPTY;
               DO I = 1 TO 6;
             ALLOCATE DATEN IN (GEBIET);
             DATEN = 'ABCDEFGHIJ';
                   END;
                   END INITG;
```

In diesem Beispiel wird von der Möglichkeit Gebrauch gemacht, Gebiete mit Hilfe von INITIAL CALL anzulegen. Das Gebiet „GEBIET", das in der Größe 100 Bytes vereinbart wurde, erhält im Unterprogramm INITG als Anfangswerte in der DO-Schleife sechsmal die Buchstabensequenz „ABCDEFGHIJ" zugewiesen. Dabei greifen wir auf eine neue Form der ALLOCATE-Anweisung zurück, nämlich den IN-Zusatz, der für Variable innerhalb eines Gebiets Speicherplatz reserviert. Im Hauptprogramm ist noch zu beachten, daß die Datei „LISTE" unbedingt in der Ausdehnung „116" vereinbart werden muß, obwohl die Gebietsvariable nur die Ausdehnung 100 Bytes hat. Vergißt der Programmierer die 16 Bytes Steuerinformationen zu berücksichtigen, so spricht in der WRITE-Anweisung die RECORD-Bedingung an. In diesem Programmierbeispiel erfolgt allerdings kein Auslagerungsprozeß, sondern die WRITE-Anweisung schreibt auf dem Drucker den Inhalt des Gebietes aus zusammen mit den Steuerinformationen, sofern dafür druckbare Zeichen vorhanden sind. Für das Programmtesten ist dies ein gutes Hilfsmittel.

Im Zusammenhang mit Gebieten ist noch die Funktion EMPTY zu erwähnen, die wir im Anhang A2 näher beschrieben und im letzten Programmierbeispiel auch schon benutzt haben. Ruft ein Programm diese Funktion auf, dann werden alle Speicherzuordnungen im zitierten Gebiet freigegeben.

Beispiel [15, S. 183]:

```
DCL A AREA,
    B AREA,
    I BASED (P),
    J BASED (Q);
```

```
---------------
ALLOCATE I IN (A),  J  IN (A);*
---------------
               A  = EMPTY;
               B  = A;
```

In diesem Fall werden die beiden Gebiete A und B von allen Daten, die dort gespeichert sind und damit auch von den beiden basisbezogenen Variablen I und J, geleert. Diese Speicherplatzfreigabe kann auch durch die FREE-Anweisung erreicht werden, in diesem Fall durch die Notation:

```
FREE  I   IN (A),  J   IN (A),  B;*
```

Wir müssen uns nun mit den beiden Attributen POINTER und OFFSET, die Zeigervariable definieren, näher befassen. Die Syntax von PL/1 kennt zwei Arten von Zeigern, nämlich solche, deren Wert *unmittelbar* eine Speicheradresse repräsentiert, und relative Zeiger, die auf eine Speicherzelle *relativ* zum Anfang eines Gebiets zeigen. Sie bleiben von Datenübertragungsprozessen, die Gebiete zwischen Prozeduren austauschen oder Gebiete ein- und auslagern, unberührt. Einen „absoluten" Zeiger definiert das Attribut POINTER *explizit*, indem es einen Bezeichner mit diesem Attribut belegt. Er stellt, wie schon mehrfach erwähnt, eine absolute Speicheradresse dar. Wir wollen jetzt die wichtigsten Eigenschaften dieser Zeigerklasse zusammenfassen. *Implizit* können „absolute" Zeiger in folgender Weise definiert werden:

1. zusammen mit der Vereinbarung einer basisbezogenen Variablen,
2. zusammen mit dem Schlüsselwort SET in einer ALLOCATE-, LOCATE- oder READ- Anweisung,
3. durch die Zeigerkennzeichnung (–>).

Zeigervariable dürfen Bereiche und Strukturen bilden und können weitere zusätzliche Attribute tragen, nämlich EXTERNAL, INTERNAL, AUTOMATIC und STATIC. Nachfolgend sind einige explizite Vereinbarungen von Zeigern aufgelistet, wobei zu beachten ist, daß die Abkürzung für das Attribut POINTER die Dreibuchstabenfolge PTR ist:

```
DCL P_1  POINTER,
    P_2  PTR  EXTERNAL,
    P_3  PTR  AUTOMATIC,
    P_4  PTR  STATIC,
    P_5 (3,4)  PTR  INTERNAL,
  1 STRUKTUR,
    2  Z_1  PTR,
    2  Z_2  (-1 : 3,5 : 8)  PTR;
```

* Sonderform der ALLOCATE- und FREE- Anweisung (s. S. 112 f.)

Die Regeln, die *relative* Zeiger vereinbaren, sind einfacher. Der Programmierer darf sie nur *explizit* definieren, wofür die Sprachsyntax das Schlüsselwort OFFSET zur Verfügung stellt. Die formale Definition dieses Attributs lautet (s. auch Abschnitt 1.3.2):

OFFSET (<gebietsvariable>)

Sie drückt aus, daß mit der zitierten Gebietsvariablen, die eine basisbezogene Variable sein muß*, ein relativer Zeiger verbunden werden soll. Er gibt die relative Adresse eines Arbeitsobjektes bezogen auf den Anfang des Gebietes an.

Beispiel:

```
DCL G AREA (100)  BASED (P),
    X BASED (Q),
    R OFFSET (G);
    ALLOCATE G;
    ALLOCATE X  IN (G);
         R = Q;
```

Diese Vereinbarung legt fest, daß der relative Zeiger „R" relativ zum Beginn des Gebiets „G" zeigt. Die zweite ALLOCATE-Anweisung ordnet der Variablen X im Gebiet G Speicherplatz zu und setzt dabei den „absoluten" Zeiger Q. Die Zuordnungsanweisung konvertiert den absoluten Zeiger in einen relativen Zeiger, indem die absolute Adresse des Gebiets (Wert des Zeigers P) vom Zeiger, der mit der Variablen X verbunden ist (Q), subtrahiert wird. Die nachfolgende Skizze zeigt diesen Prozeß unter der Voraussetzung, daß P den Wert „100" hat und Q den Wert „110". Wir unterstellen dabei, wie üblich, eine lineare Anordnung des Hauptspeichers.

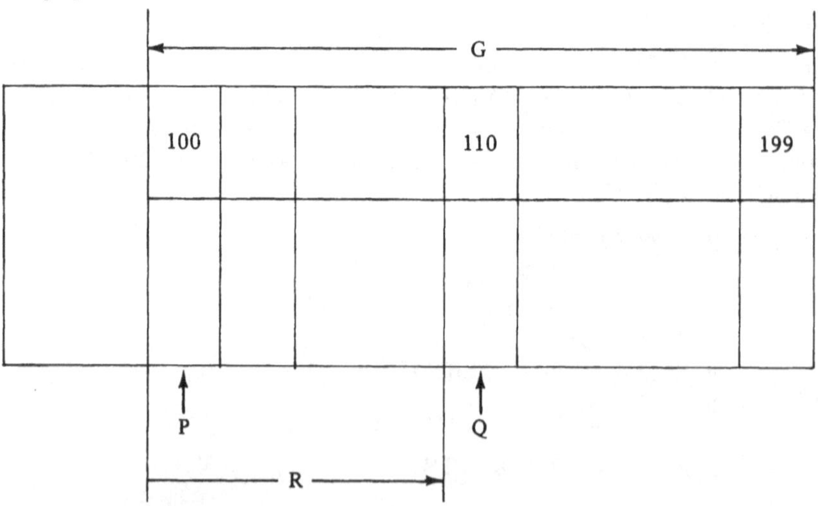

* nicht im Checkout-Compiler

In analoger Weise kann natürlich auch ein relativer Zeiger in einen absoluten Zeiger überführt werden. Die Adreßrechnungen, die dabei automatisch ausgeführt werden, sollen der Vollständigkeit halber noch angeführt werden:

Wert relativer Zeiger = Wert absoluter Zeiger – Zeigerwert Gebietszeiger

Beispiele für die Vereinbarung relativer Zeiger:

```
DCL R_1 OFFSET (G_1),
    R_2 OFFSET (G_2) EXTERNAL,
    R_3 OFFSET (G_3) AUTOMATIC,
    R_4 OFFSET (G_4) STATIC,
    R_5 (3,4) OFFSET (G_5) INTERNAL,
    1 STRUKTUR,
      2 R_6 OFFSET (G_6),
      2 R_7 (-1 : 3,5 : 8) OFFSET (G_7);
```

Für die Verwendung von Zeigervariablen gelten eine Reihe von Restriktionen:

1. Zeiger dürfen nur durch die beiden Operatoren „=" und „¬=" verknüpft werden. Adreßrechnungen, wie sie in der maschinenorientierten Programmierung üblich sind, kann man in PL/1 nicht programmieren.
2. Wie bei Gebietsdaten sind auch Datenkonvertierungen verboten. Eine Ausnahme bildet die Umsetzung von Zeigern in relative Zeiger und vice versa.
3. Zeigerwerte können nicht im zeichenweisen Datenverkehr übertragen werden, weil dies eine Datenkonvertierung voraussetzt.
   Beispiel: Ein Programmierer benötigt eine echte Speicheradresse. Er kann dies nicht durch die Anweisung „PUT LIST (ADDR (X))" erreichen, sondern nur mit Hilfe „PUT LIST (UNSPEC(ADDR(X)))", wobei er allerdings die Adresse als Bitkette erhält.
4. In expliziten Zeigervereinbarungen ist für die Initialisierung nur die Form „INITIAL CALL" zugelassen*.
5. Zeigervariable dürfen selbst nicht basisbezogen oder indiziert sein*.

Bei Verwendung relativer Zeiger sind weitere Einschränkungen zu beachten:

1. Sie dürfen nicht für eine basisbezogene Bezugnahme verwendet werden.
2. Der Programmierer darf sie auch nicht in einer READ-SET-Anweisung, ALLOCATE- oder LOCATE-SET-Anweisung niederschreiben.

Wie immer in problemorientierten Programmiersprachen, so ist auch für das Gebiet der Zeiger zwischen der Vereinbarung einer Variablen und der Zuwei-

* Gilt nicht für den Checkout-Compiler.

sung eines Wertes zu dieser Variablen zu unterscheiden. Es müssen deshalb noch alle Arten zusammengefaßt angegeben werden, durch die Zeigervariable *gesetzt* werden können.

1. Im satzweisen Eingabeverkehr übernimmt eine solche Wertzuweisung der Zusatz „SET (elementzeigervariable)" der READ-Anweisung.
2. Das Pendant zur READ-Anweisung ist auf der Seite des Ausgabeverkehrs die LOCATE-Anweisung mit dem SET-Zusatz.
3. Unabhängig vom peripheren Datenverkehr setzt die ALLOCATE-Anweisung Zeiger.
4. Schließlich können Zeiger auch durch Zuordnungsanweisungen ihre Werte erhalten, wobei, wie schon erwähnt, Zeigerwerte nur Zeigervariablen zugewiesen werden dürfen. Dabei ist der Sonderfall zu berücksichtigen, daß diese Wertzuweisung durch Funktionen erfolgt, wobei drei Fälle zu unterscheiden sind, nämlich: ADDR, NULL und NULLO. Die Funktion ADDR, die im Anhang A2 beschrieben ist, liefert in Form eines Zeigerwertes die absolute Adresse eines Arbeitsobjektes (nur von Variablen, nicht von einer Konstanten). Die Funktion NULL gibt einen Zeigerwert „NULL" an die aufrufende Zeigervariable zurück. Sie wird in der Listenverarbeitung in der Regel verwendet, um das Ende einer verketteten Liste zu markieren. Die Funktion NULLO entspricht auf der Seite der relativen Zeiger der Funktion NULL.

Als letztes Attribut ist noch der REFER-Zusatz, der in Vereinbarungen der Listenverarbeitung auftreten kann, herauszuarbeiten. Er wird ausschließlich für basisbezogene Variable, die Strukturen sind, verwendet und gibt dabei an, daß man sich bei dieser Vereinbarung auf eine Variable, die an anderer Stelle außerhalb der Struktur niedergeschrieben wurde, *bezieht.* Drei Anwendungsfälle sind denkbar:
1. Unterstrukturen sind Bereiche, deren *obere* Grenzen auf diese Weise festgelegt werden sollen. 2. Eine solche Bezugnahme bestimmt die Länge von Kettendaten. 3. Dasselbe gilt für die Größe eines Gebietes. Dabei ist noch zu beachten, daß die Variable, auf die sich eine Vereinbarung bezieht, innerhalb der Struktur, in der das REFER-Attribut notiert wurde, liegen muß und daß eine solche „Bezugnahme" nur einmal in einer Struktur auftreten darf.

Die formale Sprachdefinition des REFER-Zusatzes lautet:

<elementvariable eins> REFER (<elementstrukturvariable>)

<elementstrukturvariable> ist das Objekt dieser REFER-Vereinbarung und muß deshalb der Struktur angehören, in der diese Vereinbarung erfolgt. Dagegen braucht das Sprachelement <elementvariable eins> nicht zu dieser Struktur zu gehören und kann ein gekennzeichneter Name oder durch Zeiger gekennzeichnet sein.

Beispiel:

```
DCL  (A,B)  BIN FIXED (15),
         1  STRUKTUR BASED (P),
            2  M,
            2  X  (I REFER (M)),
         1  STRU BASED (Q),
            2  N,
            2  E,
            2  Y  BIT   (K REFER (N));
                  I  =  10;
                  K  =  20;
ALLOCATE STRUKTUR,STRU;
                  A  =  DIM (X,1);
                  B  =  LENGTH (Y);
PUT  DATA (A,B);
```

Der REFER-Teil in diesem Beispiel gibt an, daß in der Struktur „STRUKTUR" als obere Grenze für den Bereich X der Wert der Variablen I, die nicht zu dieser Struktur gehört, genommen werden soll, wobei dieser Wert der Variablen M innerhalb der Struktur zugewiesen wird. Analog dazu wird die Länge der Bitkette durch den Wert von K definiert. Die Aufrufe der beiden Funktionen „DIM" und „LENGTH" sollen zeigen, daß tatsächlich die obere Grenze von X den Wert „10" hat und die Länge von Y „20" ist. Man muß fernerhin beachten, daß die „elementstrukturvariable" vor dem REFER-Zusatz notiert sein muß. Es wäre beispielsweise unzulässig, im obigen Beispiel Y vor N zu notieren. Wenn diese Definierungsmethode auf einen mehrdimensionalen Bereich angewendet wird, dann darf der REFER-Zusatz nur die obere Grenze der ersten Dimension vereinbaren. Weiterhin gilt für das Gebiet des F-Compilers die Einschränkung, daß beide Elementvariable duale Festpunktzahlen mit gleicher Genauigkeit sein müssen. Als Sonderfall ist noch zu beachten, daß die „elementstrukturvariable" ihren Wert während der Programmausführung verändern kann. Hierfür gelten folgende Regeln:

1. Bevor die Elementstrukturvariable nicht wieder den Wert erhalten hat, den sie zur Zeit der Speicherplatzzuordnung hatte, darf die betroffene Struktur nicht durch eine FREE-Anweisung freigegeben werden.

2. So lange diese Elementstrukturvariable einen Wert hat, der größer ist als ihr Anfangswert zur Zeit der Speicherplatzzuordnung, ist es untersagt, die Struktur auszugeben.

3. Ist der Wert dieser Elementstrukturvariablen dagegen in einem Arbeitsprozeß kleiner geworden als ihr Anfangswert, dann gilt die Einschränkung der Regel 2 nicht.

Diese Vereinbarungsform stellt im Grunde genommen nur eine spezielle Methode des Selbstdefinierens der Speicherausdehnung von Arbeitsobjekten mit Hilfe anderer Arbeitsobjekte dar. Ein typisches Beispiel dafür sind Bereichsgrenzen, die sich aus arithmetischen Ausdrücken ergeben [s. 24, S. 47, Abschnitt 1.3.2 dieses Buches]. Da eine basisbezogene Variable aber erst dann Werte erhalten kann, wenn eine ALLOCATE-Anweisung sie angesprochen hat, müssen solche Steuerungsinformationen außerhalb basisbezogener Variabler deponiert werden. Der REFER-Zusatz entspricht dieser Bedingung.

Übungsaufgabe

3.5 Es ist das Programm BEISP6 in der Weise zu modifizieren, daß die Daten (ADAM, EVA, LOTAR, BERTA, IDA) in einem Gebiet „GEBIET" gespeichert werden und zwar durch einen Unterprogrammaufruf, wobei relative Zeiger die gespeicherten Daten verketten sollen*. Den Druckprozeß soll ebenfalls ein Unterprogrammaufruf übernehmen, wobei als Ausgabeanweisung eine PUT-EDIT-Anweisung vorzusehen ist.

3.2.2 Die speziellen Anweisungen der Listenverarbeitung

Es sind nun drei Anweisungen, die wir teilweise auch schon im anderen Zusammenhang diskutiert haben, speziell für das Gebiet der Listenverarbeitung darzustellen, nämlich:

ALLOCATE
FREE
LOCATE.

Schon diese Auflistung läßt erwarten, daß die Verarbeitungsmöglichkeiten für Listen in PL/1 nicht so weit ausgebaut sind, wie es bei speziellen Sprachen für die Listenverarbeitung der Fall ist. Zu diesen Anweisungen treten noch vier Funktionen, die im Anhang A2 beschrieben sind. Außerdem ist in eingeschränkter Form auch die Zuordnungsanweisung für die Listenverarbeitung zugelassen. Die Einschränkungen beziehen sich vor allem auf die Zuordnung von Zeigern, relative Zeiger und Gebiete. Während über die Zuordnung von Zeigern und relativen Zeigern bereits berichtet wurde, steht noch die Gebietszuordnung aus. Sie ist ein Zweiphasenprozeß. In der ersten Phase werden alle Speicherplatzzuordnungen in den Gebietsvariablen, die links vom Gleichheitszeichen stehen, freigegeben.

* Es wird abweichend vom F-Compiler unterstellt, daß Gebietsvariable, die im OFFSET-Attribut genannt werden, keine basisbezogene Variable sein müssen (Checkout-Compiler).

Dieser Prozeß entspricht der Funktion der FREE-Anweisung. In der zweiten Phase wird der Wert der Gebietsvariablen, die rechts vom Gleichheitszeichen steht, d.h. alle dort gespeicherten Daten, an die links vom Gleichheitszeichen stehenden Gebietsvariablen übertragen. Dabei bleibt die Anordnung der Daten in Gebieten erhalten. Dies bedeutet, daß auch der freie Speicherplatz eines Gebietes weiterhin frei bleibt. Die nachfolgende Skizze soll dies noch schematisch darstellen.

vor der Ausführung der Zuordnungsanweisung:

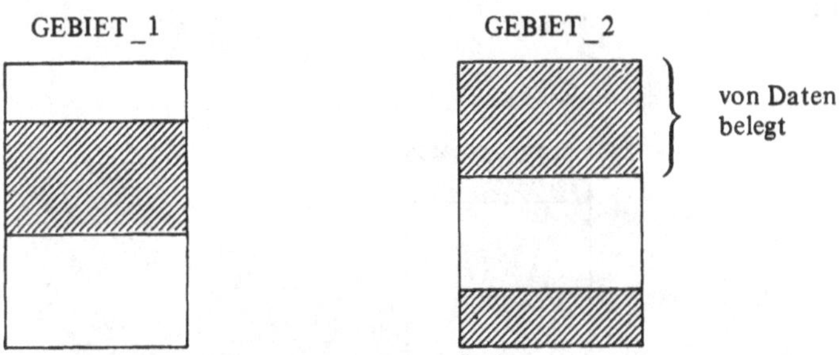

GEBIET_1 = GEBIET_2;

nach der Ausführung der Zuordnungsanweisung:

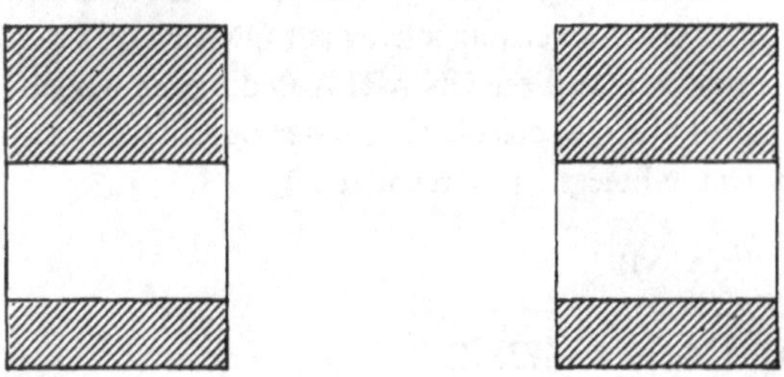

An dieser Stelle ist die Frage naheliegend, was in einer Gebietszuordnung geschieht, wenn die empfangende Gebietsvariable kleiner ist als die abgebende, aber der mit Daten belegte Teil dieser Variablen durchaus in die empfangende Gebietsvariable hineinpassen würde. In einem solchen Fall wird die Gebietszuordnung, ohne daß eine Fehlerbedingung gesetzt wird, ausgeführt. Diesen Fall zeigt in schematischer Darstellung die nächste Skizze.

vor der Ausführung der Zuordnungsanweisung:

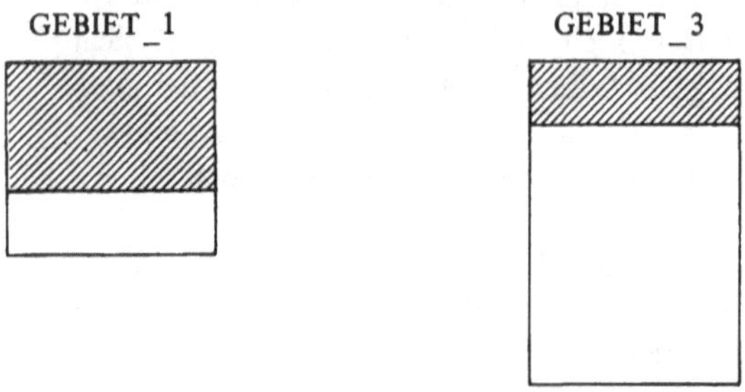

GEBIET_1 = GEBIET_3;

nach der Ausführung der Zuordnungsanweisung:

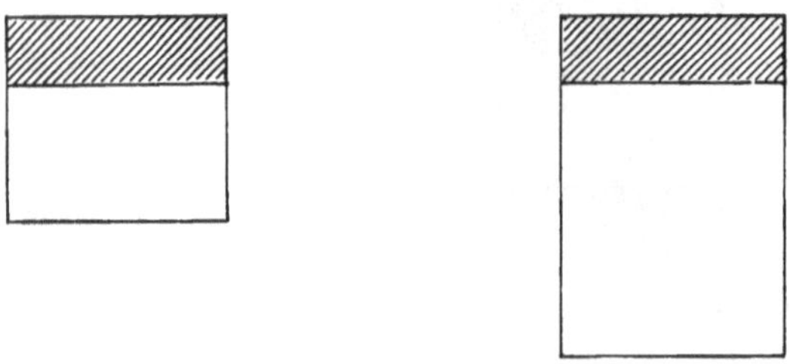

Falls beim Zuweisen von Gebieten oder auch von basisbezogenen Variablen zu einem Gebiet nicht genügend Speicherplatz frei ist, um die Zuordnungsanweisung ausführen zu können, wird die Bedingung AREA gesetzt [24, S. 241]. Sie ist immer wirksam und kann in einer ON-Anweisung analog zur ON-ENDFILE-Bedingung abgefragt werden. Als Beispiel für diese ON AREA-Bedingung wollen wir ein Funktionsunterprogramm entwickeln, das die Größe des Speicherplatzes, der innerhalb eines Gebietes von Daten belegt ist, berechnet.

```
BEISP9:   PROC   OPTIONS  (MAIN);
          DCL  GEBIET  AREA (500),
               DATEN CHAR (250)   BASED (Z),
               SPEICHERBEDARF  RETURNS (FIXED (5)),
               SPEICHERBELEGUNG  FIXED (5);
          ALLOCATE  DATEN  IN (GEBIET);
               DATEN  =  (50)  'ABCDE';
 SPEICHERBELEGUNG  =  SPEICHERBEDARF (GEBIET);
          PUT  LIST ('SPEICHERBELEGUNG IN GEBIET = ',
          SPEICHERBELEGUNG, 'BYTES');
          PUT  SKIP DATA (GEBIET);
               END  BEISP9;
```

```
SPEICHERBEDARF:  PROC (GEBIET) RETURNS (FIXED (5));
                 DCL  GEBIET AREA (*),(C INIT (0),A) FIXED (5),
                      SPEICHERBELEGUNG AREA (A) CONTROLLED,
                      B (28) FIXED (5) INIT (0,10,20,30,40,50,60,70,
                      80,90,100,200,300,400,500,600,700,800,900,
                      1000,2000,3000,4000,5000,6000,7000,8000,
                      9000);
                 ON   AREA GOTO BEGIN;
                 DO   I = 28 TO 1 BY -1;
                      A = B (I);
                 ALLOCATE SPEICHERBELEGUNG;
                 SPEICHERBELEGUNG = GEBIET;
                 FREE SPEICHERBELEGUNG;
                      END;
BEGIN:                BEGIN;
                 FREE SPEICHERBELEGUNG;
                      C = C + 1;
                      A = B (I) + C;
                 ALLOCATE SPEICHERBELEGUNG;
                 SPEICHERBELEGUNG = GEBIET;
                 FREE SPEICHERBELEGUNG;
                      RETURN (A);
                      END;
                      END SPEICHERBEDARF;
```

In diesem Programmierbeispiel wird im Hauptprogramm ein Gebiet in der Ausdehnung von 500 Bytes vereinbart und mit Daten in der Ausdehnung von 250 Zeichen belegt. Danach ruft das Hauptprogramm das Funktionsunterprogramm „SPEICHERBEDARF" auf, um die Speicherbelegung der Gebietsvariablen GEBIET in Bytes zu berechnen. Das Funktionsunterprogramm beginnt damit, daß dort sukzessive ein Gebiet „SPEICHERBELEGUNG", beginnend bei 9000 Bytes, verkleinert und in einer Gebietszuweisung (SPEICHERBELEGUNG = GEBIET) geprüft wird, ob die AREA-Bedingung anspricht. Ist dies der Fall, dann verzweigt das Funktionsunterprogramm aus der DO-Schleife zum BEGIN-Block. In unserem Zahlenbeispiel würde dieser Fall für „B(12)" eintreten. Im BEGIN-Block wird nun das Gebiet „SPEICHERBELEGUNG" so lange um ein Byte vergrößert, bis nicht mehr die AREA-Bedingung anspricht. Das Ergebnis wird dann an das Hauptprogramm zurückgegeben und dort in der ersten PUT-Anweisung ausgegeben. Für unser Zahlenbeispiel lautet überraschenderweise der Ausgabetext „SPEICHERBELEGUNG IN GEBIET = 256 BYTES". Zur Kontrolle haben wir im Hauptprogramm eine zweite PUT-DATA-Anweisung aufgenommen, die allerdings nur im Checkout-Compiler zugelassen ist. Sie gibt sowohl die vereinbarte Größe des Gebiets „GEBIET" an, als auch den mit Daten belegten Teil.

Dabei wird ebenfalls eine Speicherbelegung von 256 Bytes ausgewiesen. Wie kommt diese Zahl zustande? Denn die Zeichenkettenvariable „DATEN" des Hauptprogramms hat nur die Länge 250 Bytes. Der Grund ist darin zu sehen, daß Variable innerhalb eines Gebiets das Attribut „ALIGNED" unabhängig von ihrem Datenattribut bekommen, wobei eine Ausrichtung auf Doppelwortgrenzen erfolgt. Da für 250 Zeichen 32 Doppelworte (256 Bytes) benötigt werden, weist das Funktionsunterprogramm „SPEICHERBEDARF" auch diesen Wert aus. Es ist noch besonders darauf hinzuweisen, daß Zuordnungsanweisungen für Gebiete absolute Zeigerwerte nicht mit übertragen, sondern nur relative Zeiger. Im Grunde genommen ist dies eine Selbstverständlichkeit; denn relative Zeiger wurden eingeführt, um Gebiete beliebig übertragen zu können, ohne Rücksicht auf die absoluten Zeiger.

Wir kommen jetzt zu den speziellen Anweisungen für die Listenverarbeitung, wobei wir alphabetisch vorgehen und mit der ALLOCATE-Anweisung beginnen. Sie nimmt für das Gebiet der Listenverarbeitung folgende formale Form an (s. Kapitel 1.5):

ALLOCATE ≮basisbezogene variable≯ {[SET (≮elementzeigervariable≯)] · [IN (≮gebietsvariable≯)]} [, ≮basisbezogene variable≯ {[SET (≮elementzeigervariable≯)] · [IN (≮gebietsvariable≯)]}] . . .;

Diese Anweisung ordnet im allgemeinsten Fall basisbezogenen Variablen, die vor Aufruf dieser Anweisung vereinbart worden sein müssen, im Hauptspeicher Plätze zu und setzt auf diese Speicherplätze die zusammen mit den basisbezogenen Variablen definierten absoluten Zeiger. Will hingegen ein Programmierer auf eine basisbezogene Variable einen anderen Zeiger setzen, so steht ihm dafür der SET-Zusatz zur Verfügung. Wir bringen noch einmal einen typischen Programmausschnitt für diesen Teil der Listenverarbeitung:

```
DCL 1 DATEN BASED (P), ____;
      ALLOCATE DATEN;
      _______________
      ALLOCATE DATEN SET (Q);
```

Die erste ALLOCATE-Anweisung verbindet mit der Struktur Daten den Zeiger P und die zweite Anweisung den Zeiger Q, so daß der letzte Wert von P unverändert erhalten bleibt. Falls der IN-Zusatz in einer ALLOCATE-Anweisung auftritt, gibt er an, daß die geforderte Speicherplatzzuordnung innerhalb des zitierten Speichergebiets erfolgen soll. Auch für diesen Fall soll noch einmal die typische Vereinbarungs- und Anweisungsfolge angegeben werden:

```
DCL GEBIET AREA  BASED (Z_1),
    1 SATZ BASED (Z_2), ____
    Z_3 POINTER;
ALLOCATE  GEBIET;
ALLOCATE  SATZ SET (Z_3) IN (GEBIET);
```

In diesem Fall ordnet die zweite ALLOCATE-Anweisung der basisbezogenen Variablen SATZ Speicherplatz im Gebiet Z_1 -> GEBIET zu und setzt den Zeiger Z_3, der explizit mit dem Attribut POINTER definiert wurde, auf den Wert Z_3 -> SATZ.

Es soll an dieser Stelle auch noch explizit auf den Unterschied zwischen der „≮allocateanweisungc≯" und der ALLOCATE-Anweisung der Listenverarbeitung hingewiesen werden. Es ist hierbei nicht zugelassen, in diese Anweisung Attribute mit aufzunehmen. Folgende Anweisung wäre beispielsweise fehlerbehaftet:

```
DCL A CHAR (5) BASED (Z), _____
ALLOCATE A INIT ('KOELN');
```

Speicherplatz, der durch die ALLOCATE-Anweisung einer basisbezogenen Variablen zugeordnet wurde, kann wie bei kontrollierten Variablen durch die FREE-Anweisung vom Programm her wieder freigegeben werden. Die formale Definition dieser Anweisung für das Gebiet der Listenverarbeitung lautet:

FREE [≮zeigerkennzeichner≯ ->] ≮basisbezogene variable≯
[IN (≮gebietsvariable≯)] [, [≮zeigerkennzeichner≯ ->]
≮basisbezogene variable≯ [IN (≮gebietsvariable≯)]] . . .;

Die FREE-Anweisung gibt den Speicherplatz einer oder mehrerer basisbezogener Variabler frei, wobei diese Variablen durch den Wert von Zeigervariablen identifiziert werden können. Wenn ein Programmierer die Zeigerkennzeichner nicht explizit notiert hat, unterstellt die Sprachsyntax, daß sich die FREE-Anweisung auf die Zeiger beziehen soll, die er zusammen mit den zitierten basisbezogenen Variablen vereinbart hat. Man muß darauf achten, daß die Ausdehnung des freizugebenden Speicherraums identisch ist mit dem ursprünglichen, durch die ALLOCATE-Anweisung einer Variablen zugeordneten Speicherplatz; denn in einem Arbeitsprozeß kann sich über den REFER-Zusatz die Ausdehnung von Unterstrukturen ändern.

Der Wirkungsbereich der ALLOCATE-Anweisung ist ausschließlich auf den Hauptspeicher beschränkt. Für Ausgabedateien zusammen mit dem Ausgabepufferspeicher übernimmt dieselbe Funktion die LOCATE-Anweisung [24, S. 187, 277]. Sie ordnet einer basisbezogenen Variablen in diesem Puffer Platz zu und setzt, falls vom Programmierer wieder mit dem SET-Zusatz verlangt, einen Zeiger auf den Anfang dieses Speichers. Wir wiederholen die schon in der Einführung [24, S. 187, 227] dargelegte formale Definition. Sie ist analog zur ALLOCATE-Anweisung strukturiert, muß zusätzlich aber die Ausgabedatei bezeichnen, die mit diesem Ausgabepuffer zusammenarbeiten soll. Sie lautet:

LOCATE <basisbezogene variable> { { FILE (<dateibezeichner>) } .
[SET (<elementzeigervariable>)] · [KEYFROM (<elementausdruck>)] } ;

Diese Anweisung darf nur bei Dateien mit den Attributen BUFFERED OUTPUT verwendet werden. Die Übertragung vom Ausgabepuffer zum Ausgabegerät wird unmittelbar vor der nächsten LOCATE-, WRITE- oder CLOSE-Anweisung ausgeführt. Der Programmierer darf die Zusätze zu dieser Vereinbarung, wie häufig üblich in PL/1, in beliebiger Reihenfolge notieren. Als Zeiger, der den Pufferspeicher strukturiert, wird entweder die durch den SET-Zusatz definierte Zeigervariable oder der Zeiger der basisbezogenen Variablen benutzt. Im Gegensatz zur ALLOCATE-Anweisung gibt diese Anweisung, nachdem sie ausgeführt wurde, den Pufferspeicher ohne eine spezielle FREE-Anweisung frei. Wenn sich diese Anweisung auf eine noch nicht eröffnete Datei bezieht, dann wird sie implizit eröffnet. Der Vollständigkeit halber soll hier auch noch einmal das Pendant zur LOCATE-Anweisung für den Eingabeverkehr erwähnt werden, nämlich die READ-Anweisung mit dem SET-Zusatz [24, S. 138 ff.]. Dabei wird wieder eine Zeigervariable auf den Anfang eines Pufferspeichers, in diesem Fall den Eingabepuffer, gesetzt und nach Ausführung dieser Anweisung auch wieder implizit freigegeben.

Ein typischer Anwendungsfall für diese beiden letzten Anweisungen ist das Ausdrucken der Daten von Lochkarten, ohne daß Veränderungen an diesen Daten erfolgen. In diesem Fall steigt der Durchsatz, wenn an diesem Prozeß nur die Pufferspeicher beteiligt sind und nicht der Hauptspeicher. Das nächste kleine Programm zeigt die Grundstruktur eines solchen Arbeitsprozesses.

```
BEISP10:  PROC OPTIONS (MAIN);
          DCL SATZ CHAR (80) BASED (Z_1),Z_2 POINTER,
          KARTE FILE  RECORD INPUT,
          LISTE  FILE  RECORD OUTPUT ENV (F(80));
          ON ENDFILE (KARTE) GOTO ENDE;
          OPEN FILE (KARTE),  FILE (LISTE);
LESEN:    READ  FILE (KARTE) SET (Z_1);
          LOCATE SATZ FILE (LISTE) SET (Z_2);
          Z_2 -> SATZ = SATZ;
          GOTO  LESEN;
ENDE:     CLOSE FILE (KARTE) , FILE (LISTE);
          END BEISP10;
```

In diesem Progamm dient die basisbezogene Variable SATZ ausschließlich dazu, sowohl den Eingabepuffer als auch den Ausgabepuffer zu strukturieren. Weiterhin fällt auf, daß keine WRITE-Anweisung für den Druckprozeß benutzt wird. Dieselbe Funktion hat hier die LOCATE-Anweisung, die immer dann, wenn der Pufferspeicher gefüllt ist, dafür sorgt, daß automatisch der Inhalt dieses Speichers an die zitierte Datei abgegeben wird.

Übungsaufgaben

3.6 Es ist ein Stapel von Lochkarten in eine Datenverarbeitungsanlage einzugeben und im Hauptspeicher als Liste zu speichern. In der ersten Spalte einer Lochkarte steht eine Kartenart. Hat sie den Wert „A", dann ist die betreffende Lochkarte zu übergehen. Der Rest einer Lochkarte enthält Daten, die in die Liste aufzunehmen sind. Die Liste ist in der Reihenfolge aufzubauen, in der die Lochkarten gelesen werden. Anschließend sind die gespeicherten Daten der Lochkarten einmal in der Reihenfolge, in der sie eingegeben wurden, auszudrucken und anschließend in umgekehrter Reihenfolge. Es muß also die Liste sowohl eine Vorwärts- als auch eine Rückwärtsverkettung enthalten.

3.7 Es ist das Programm „BEISP6" in der Weise abzuändern, daß eine LOCATE-Anweisung die gespeicherte Liste ausgibt.

3.8 Der Druckprozeß der Aufgabe 3.6 soll von einem Unterprogramm „PUT_LOCATE" übernommen werden. Dieses Unterprogramm ist zu entwerfen.

4. Simultane Programmverarbeitung (Multitasking)

4.1 Begriffsbestimmungen

Die herkömmliche Betriebsart von Datenverarbeitungsanlagen, die auf den klassischen von Neumannschen Universalrechenautomaten zurückgeht, war der serielle Betrieb. Eine Funktionseinheit, insbesondere das Rechenwerk, bearbeitete mehrere Aufgaben, die von verschiedenen Benutzern herkamen, eine nach der anderen. Der Zeitaufwand, um Ausgangswerte für einen Verarbeitungsprozeß in die Datenverarbeitungsanlage einzugeben und die Ergebnisse wieder auszugeben, war wegen der unterschiedlichen Geschwindigkeiten von Peripherie und Zentraleinheit in der Regel größer, als die Zeitdauer für den eigentlichen Arbeitsprozeß. Die serielle Betriebsart in ihrer klassischen Form nutzte deshalb die Zentraleinheit sehr schlecht aus. Der erste Ansatz einer simultanen Betriebsart, der bereits in den Anlagen der zweiten Rechenmaschinengeneration zu finden war, ist die zeitliche Überlappung des peripheren Datenverkehrs mit internen Operationen. Trotzdem wurden in dieser Betriebsform die einzelnen Programme nach wie vor seriell abgearbeitet. Auch war diese Urform einer Simultaneität fest verschaltet und damit vom Programmierer her nicht zu steuern. Die Sprachsyntax von PL/1 bietet nun die Möglichkeit, diese Funktion zu programmieren. Im Abschnitt 4.2.2 werden wir näher darauf eingehen.

Da aber nach wie vor ein großer Geschwindigkeitsunterschied zwischen modernen elektronischen Bauelementen, welche die Struktur der Zentraleinheit bestimmen, und den peripheren Geräten, die mechanische Bauteile verwenden, besteht, führt diese erste Form des Simultanbetriebs noch nicht zur vollen Auslastung der Zentraleinheit. Die entscheidende Wende brachte erst die zweite Form des Simultanbetriebs, die sich nicht auf einzelne Operationen, sondern ganze Programme oder Programmteile stützt. Dieser „Mehrprogrammbetrieb" ist definiert als ein tatsächlich gleichzeitiges (paralleles) oder scheinbar gleichzeitiges Arbeiten der Zentraleinheit bzw. des Rechenwerks an mehreren Programmen, wobei im zweiten Fall nur der Außenstehende den Eindruck gewinnt, als ob die Maschine echt parallel mehrere Aufgaben abwickelt. In Wirklichkeit findet intern eine Verschachtelung von Programmen oder Programmteilen in ein und demselben Aufgabenstrom statt, so daß Funktionseinheiten abwechselnd in Zeitabschnitten verzahnt an verschiedenen Aufgaben arbeiten. In diesem Mehrprogrammbetrieb sorgt das Betriebssystem für die Simultanisierung. PL/1 bietet nun mit der Multitasking-Funktion die Möglichkeit, daß der Programmierer selbst ein Programm in simultane Prozesse auflöst. Dabei liegt das Simultanisierungsniveau auf der Ebene der Prozeduren und nicht der Anweisungen, wie es für einen echten Parallelbetrieb notwendig wäre. Innerhalb einer Prozedur schreibt ein Programmierer Vereinbarungen und Anweisungen sequentiell nieder, und die Programmausführung erfolgt nach wie vor in der Reihenfolge dieser Notation. Prozeduren können jetzt aber durch eine spezielle Form der CALL-Anweisung zur simultanen Ausführung aufgerufen werden, indem der Programmierer zusätzlich zum Prozedurnamen in dieser Anweisung das Schlüsselwort „TASK" notiert. Der Taskbegriff kommt aus der Systemprogrammierung her. Er bezeichnet in Betriebssystemen Teilaufgaben eines Auftrags, die, sofern die erforderlichen Betriebsmittel zur Verfügung stehen, simultan abgewickelt werden können. In diesem Sinn wird dort auch von einem Task-Management gesprochen. Es ist für die Steuerung informationeller Arbeitsprozesse zuständig und dem „Job-Management" untergeordnet, das die Ausführung aller Programme, die gerade vorliegen, veranlaßt. In der Regel konkurrieren mehrere Tasks um die Benutzung der Betriebsmittel, die in einem Betriebssystem vorhanden sind, so daß die Hauptaufgabe des Task-Managements darin besteht, alle Betriebsmittel zu verwalten und sie nach bestimmten vorgegebenen Prioritätsregeln möglichst optimal den einzelnen Teilaufgaben zuzuteilen.

PL/1 übernimmt diesen Taskbegriff. Da Tasks nur vorhanden sind, wenn ein Datenverarbeitungssystem Aufgaben, die ihm von Benutzern gestellt worden sind, ausführt, definiert die PL/1-Syntax eine Task als eine dynamisch existierende nicht leere Menge von Prozeduren [15, S. 191]. Es ist also besonders zu beachten, daß der Taskbegriff nicht identisch ist mit dem Prozedurbegriff, was darin seinen Ausdruck findet, daß ein und dieselbe Prozedur in verschiedenen Tasks aufgerufen werden kann. Abb. 4-1 zeigt den Unterschied zwischen diesen beiden Begriffen an einem einfachen Ablaufbeispiel.

Der obere Teil dieses Bildes stellt die herkömmliche serielle Programmausführung dar. In diesem Fall bildet und aktiviert das Betriebssystem nur eine einzige Task, hier „HAPRO" genannt. In dem Augenblick, in dem die CALL-Anweisung des Hauptprogramms die Prozedur „UPRO" aufruft, wird die Ausführung der Prozedur „HAPRO" so lange unterbrochen, bis die Prozedur „UPRO" abgewickelt ist. Anschließend geht die Steuerung der Programmausführung an „HAPRO" zurück. Im Fall der simultanen Programmausführung muß der Programmierer zunächst in der Prozedurvereinbarung der ersten Prozedur eines Programms durch den Zusatz „TASK" dem Übersetzer mitteilen, daß er die Multitasking-Funktion verwenden will. Damit die aufgerufene Prozedur simultan zur aufrufenden abgearbeitet wird, muß er denselben Zusatz in der CALL-Anweisung notieren (im Beispiel: CALL UPRO TASK). Im unteren Teil des Bildes haben wir durch einen dicken Pfeil den Unterschied zwischen der simultanen Programmausführung und der seriellen graphisch besonders hervorgehoben. In diesem Beispiel sind also zur gleichen Zeit zwei Tasks aktiv, nämlich „HAPRO" und „UPRO", wobei nur im

Serielle Programmausführung in PL/1:

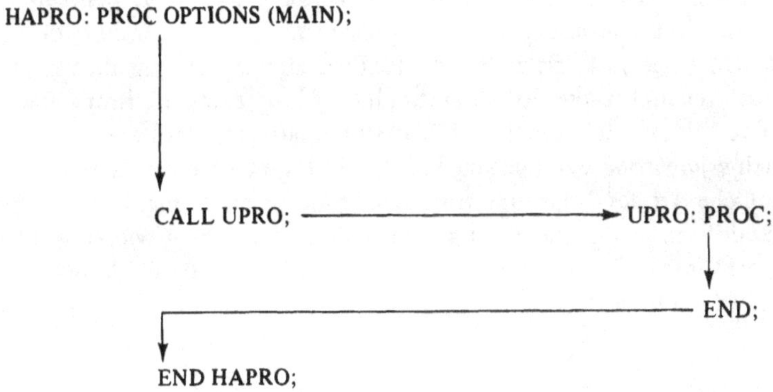

Simultane Programmausführung in PL/1:

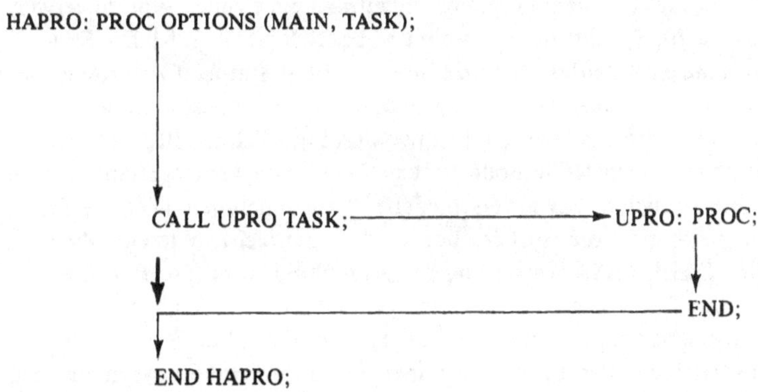

Pfeile deuten Steuerung der Programmausführung an.

Abb. 4-1: Serielle und simultane Programmausführung in PL/1

Parallelbetrieb* beide tatsächlich auch gleichzeitig abgearbeitet werden. Im Multiplexbetrieb*, der durch eine scheinbare Gleichzeitigkeit der Programmabwicklung charakterisiert ist, wird eine dieser beiden Tasks gemäß ihrer Priorität zuerst ausgeführt.

* zur Definition dieser Betriebsart siehe [9, S. 15]

Die Multitasking-Terminologie spricht im Gegensatz zur Unterprogrammtechnik des seriellen Betriebs nicht mehr von einer aufrufenden und einer aufgerufenen Prozedur, sondern es *schließt* sich dort eine Task (die *angeschlossene* Task) an eine andere Task an. Die angeschlossene Task heißt auch *Subtask* der *anschließenden* Task. Diejenige Task, die zu Beginn der Programmausführung aktiv ist, wird *Haupttask* genannt. Diese Form der simultanen Programmausführung, die sich, um es noch einmal zu betonen, auf Prozeduren bezieht, nennt die PL/1-Literatur auch *asynchrone* Verarbeitung [15, S. 191]. Im Gegensatz dazu heißt die herkömmliche Art des Prozeduraufrufs *synchrone* Verarbeitung. Es muß an dieser Stelle auch schon auf eine wichtige syntaktische Regel hingewiesen werden. Die Sprachsyntax von PL/1 läßt den Zusatz „TASK" nur für die Vereinbarung externer Prozeduren zu.

Mit einer simultanen Prozedurverarbeitung ist inhärent auch die Synchronisation von Tasks verbunden; denn häufig sind zwischen den einzelnen simultan aufgerufenen Prozeduren Daten auszutauschen. So gibt beispielsweise eine Subtask an die Haupttask Ergebnisse zurück, die dort weiter zu verarbeiten oder auch auszudrucken sind. In der Programmierungsterminologie wird für die Darstellung eines solchen Punktes in einem Programmablaufplan ein eigenes Symbol verwendet [10, S. 6], auch „Synchronisationsschnitt" bezeichnet [9, S. 9]. Die Synchronisation simultan ablaufender Prozeduren benötigt Statusinformationen über den Zustand der Arbeitsprozesse, die angeben, ob zu einem bestimmten Zeitpunkt eine Synchronisation überhaupt sinnvoll und möglich ist. PL/1 verwendet dafür die denkbar einfachste Methode, indem *Ereignisvariable* eingeführt werden. Solche Variable können nur zwei verschiedene Werte annehmen. Diese beiden Werte zeigen an, ob ein Arbeitsprozeß beendet ist oder nicht. Wird eine Prozedur durch eine CALL-TASK-Anweisung aufgerufen und ist mit ihr eine Ereignisvariable verbunden, was nicht unbedingt der Fall sein muß, dann erhält sie den Wert '0'B so lange zugeordnet, wie diese Prozedur aktiv ist. Danach geht diese Ereignisvariable in den Einszustand über. Für diese Form der asynchronen Steuerung der Programmausführung benötigen wir noch ein Sprachelement, das den Wert von Ereignisvariablen abfragen kann. Diese Aufgabe übernimmt die WAIT-Anweisung. Erreicht die Programmausführung in einer Task diese Anweisung, dann wird die betreffende Task so lange unterbrochen, bis die in der WAIT-Anweisung zitierte Ereignisvariable ihren Beendigungswert erreicht hat. Dabei können mit einer WAIT-Anweisung auch mehrere Ereignisvariable verbunden sein. In diesem Fall müssen alle Arbeitsprozesse, die durch diese Ereignisvariable identifiziert werden, abgeschlossen sein, um den Wartezustand an dieser Stelle der Programmausführung aufzuheben. Dies bedeutet aber, daß an dieser Stelle simultan ablaufende Prozeduren synchronisiert werden („Synchronisationsschnitt"). Abb. 4-2 zeigt auch dafür wieder ein symbolisches Ablaufbeispiel.

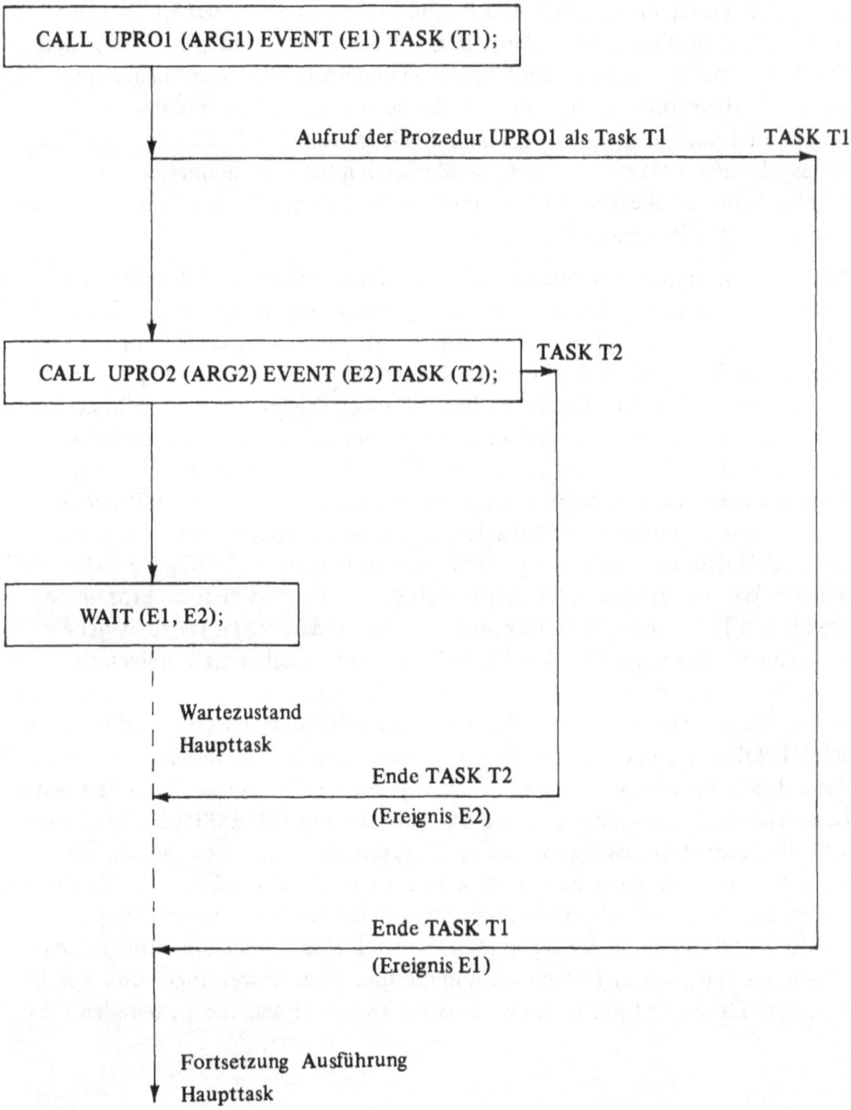

Abb. 4-2: Tasksynchronisation mit Hilfe von Ereignisvariablen und der WAIT-Anweisung

Dieses Beispiel besteht aus einer Haupttask und zwei Subtasks. Sie wurden, was nicht unbedingt notwendig ist, in den beiden CALL-Anweisungen mit den Namen T1 und T2 belegt. Außerdem hat der Programmierer ihnen die beiden Ereignisvariablen E1 und E2 zugeordnet. In der Haupttask synchronisiert die

WAIT-Anweisung die beiden Subtasks und die Haupttask in der Weise, daß an dieser Stelle das Programm so lange in den Wartezustand übergeht, bis die beiden Ereignisvariablen E1 und E2 ihren Beendigungswert erreicht haben und damit die Haupttask informieren, daß die beiden Subtasks beendet sind. Dieses Beispiel zeigt fernerhin, daß natürlich wie im seriellen Betrieb eine als Task angeschlossene Prozedur von der anschließenden her mit Parametern versorgt werden kann. So übergibt die Haupttask an die Subtask T1 den Parameter ARG1 und an T2 den Parameter ARG2.

Von der herkömmlichen Unterprogrammtechnik und damit dem seriellen Betrieb unterscheidet sich die Multitaskingfunktion darin, daß verschiedene Tasks ein und dieselbe Prozedur aufrufen können. Diese neuartige Form der Programmausführung hat eine Reihe von Konsequenzen, die wir schon jetzt im Rahmen dieser einführenden Betrachtung kurz skizzieren müssen. So ist es ohne weiteres möglich, daß verschiedene Tasks auf ein und dasselbe Arbeitsobjekt in demselben Augenblick zugreifen wollen. Wenn dies geschieht, dann können kuriose Ergebnisse entstehen. In PL/1 ist im großen und ganzen der Programmierer dafür verantwortlich, daß solche Situationen nicht eintreten. Ihm steht dafür als Hilfsmittel das Konzept der Ereignisvariablen zur Verfügung. Oder mit anderen Worten, er muß dafür sorgen, daß die auf ein und dieselbe Prozedur zugreifenden Tasks richtig synchronisiert werden, so daß es klar ist, für welche Task eine Prozedur arbeitet. Ein besonderer Fall ist hierbei die Dateiverarbeitung. Dort können, abweichend von den Syntaxregeln der Synchronverarbeitung, verschiedene Tasks ein und dieselbe Datei mit verschiedenen Dateiattributen, wie INPUT, OUTPUT oder UPDATE eröffnen und verarbeiten. Um aber zu verhindern, daß Dateisätze von verschiedenen Tasks aus unkontrolliert verändert werden, kann der Programmierer durch das Dateiattribut EXCLUSIVE, das er ausschließlich im Multitasking verwenden darf, erreichen, daß eine Task die Datei, auf die sie zugreift, dabei *verriegelt.* Allerdings steht die Funktion nur für Dateien, die im direkten oder indirekten Zugriff bearbeitet werden (Dateiattribute: DIRECT UPDATE) zur Verfügung [24, S. 214]. Nach dieser Einführung in das Wesen des Multitasking müssen wir nun die speziellen Anweisungen und Vereinbarungen für diesen Sprachteil im nächsten Abschnitt detailliert darstellen.

4.2 Anweisungen und Vereinbarungen für die Multitasking-Funktion

4.2.1 Erzeugung und Synchronisation von Subtasks

Es ist schon dargelegt worden, daß in der problemorientierten Programmiersprache PL/1 die Simultanisierung informationeller Arbeitsprozesse auf der Ebene der

Prozeduren erfolgt. Ein Programmierer definiert, daß Prozeduren als Subtasks aufgerufen werden sollen, indem er in der CALL-Anweisung einzeln oder auch permutiert die drei Schlüsselworte:

TASK
EVENT
PRIORITY

gegebenenfalls mit ergänzenden Attributen notiert. Die Haupttask muß, wie bereits ausgeführt, ebenfalls durch den TASK-Zusatz gekennzeichnet sein*. Eine Prozedur, die eine Task in dieser Weise anschließt und aktiviert, kann natürlich seinerseits Prozeduren seriell aufrufen. Alle diese Prozeduren sind dann Teil der angeschlossenen Subtask. Andererseits erzeugen asynchrone Prozeduraufrufe in einer Subtask weitere Subtasks.

Die formale Definition der CALL-Anweisung für den simultanen Prozeduraufruf, gekennzeichnet durch die beiden Buchstaben „si" am Ende der metalinguistischen Variablen, lautet:

callanweisungsi ::= CALL <markenpräfix> [(<übergabeargument>
[,<übergabeargument>] . . .)] [TASK [(<elementtaskbezeichner>)]] ·
[EVENT (<elementereignisvariable>)] · [PRIORITY [(<element
ausdruck>)]];

Wie diese Definition zeigt, hat die CALL-Anweisung für die simultane Prozedurverarbeitung grundsätzlich die gleiche Struktur wie für die serielle Programmausführung, nur treten zusätzliche Sprachelemente auf. Es folgt auch hier auf das Schlüsselwort CALL der Name der angeschlossenen Prozedur, der im F-Compiler eine Markenkonstante sein muß. Im Checkout-Compiler gilt eine allgemeinere Syntaxregel, die an dieser Stelle auch eine Elementmarkenvariable zuläßt (s. auch Kap. 1.4). Die Aufeinanderfolge der Schlüsselwörter TASK, EVENT und PRIORITY ist, wie in PL/1 üblich, beliebig. Der Taskbezeichner kann indiziert und/oder gekennzeichnet sein**. Durch das Schlüsselwort EVENT wird eine Ereignisvariable implizit vereinbart und mit der betreffenden Task fest verbunden. Andere Tasks können dann mit Hilfe der WAIT-Anweisung oder der Funktion COMPLETION den Zustand einer Task und damit eines Arbeitsprozesses abfragen. Eine Ereignisvariable besteht aus zwei Komponenten, nämlich einem Beendigungsbit ('0'B für „nicht beendigt" und '1'B für den Abschluß dieses Prozesses) und einer Statusmarke (duale Festpunktzahl mit Standardgenauigkeit), die spezifiziert, ob ein Ereignis abnormal beendet wurde. Ereignisvariable können wie die Taskbezeichner indiziert und/oder gekennzeichnet sein. Sie steuern nicht nur Multitasking-Operationen, sondern der Programmierer darf sie auch verwenden, um den peripheren Datenverkehr und die Arbeit der Zentraleinheit zu simultanisieren [24, S. 86].

* im Checkout-Compiler nicht notwendig

** Zur Definition von „gekennzeichneten Bezeichnern" s. [24, S. 49]

Da der EVENT-Zusatz in der CALL-Anweisung bereits eine Subtask aktiviert, ist in diesem Zusammenhang der TASK-Zusatz eigentlich überflüssig. Es haben also folgende beiden Anweisungen die gleiche Wirkung:

```
CALL UPRO1 (ARG1) EVENT (E1) TASK;
CALL UPRO1 (ARG1) EVENT (E1);
```

Es sollen diese Ausführungen zur Taskaufruftechnik durch ein erstes Programmierbeispiel der simultanen Programmverarbeitung vertieft werden. Wir greifen zu diesem Zweck die Matrizenmultiplikation wieder auf, die wir schon in der Einführung [24] in verschiedenen Versionen diskutiert haben. Matrizenoperationen sind zu einem klassischen Anwendungsbeispiel der Parallelverarbeitung geworden. Um das Denken in simultanen Prozessen zu schulen, wollen wir zunächst untersuchen, welche Anweisungen bzw. Anweisungssequenzen dieses Programmierbeispiels sich in Multitasking-Operationen auflösen lassen. Wir gehen dabei von der in der Einführung gebrachten letzten Programmversion aus* [24, S. 95, 292].

```
BEISP11: PROCEDURE OPTIONS (MAIN);
         DCL MATRA (2,3) FIXED (10) INITIAL CALL INIT (MATRA),
             MATRB (3,2) FIXED (10) INITIAL ((2) 8, (2) 112233,1,2),
             MATRC (2,2) FIXED (10) INITIAL ((4)0);
         PUT DATA (MATRA,MATRB,MATRC);
         PUT PAGE;
         CALL MAMU (MATRA,MATRB,MATRC);
         PUT DATA (MATRC);
INIT:    PROCEDURE (MATRA);
         DCL MATRA (*,*) FIXED (10), K FIXED INIT (0);
                DO I = 1,2;
                DO J = 1,2,3;
                   K = K + 1;
           MATRA (I,J) = K;
         END INIT;
MAMU:    PROCEDURE (A,B,C);
         DCL (A(*,*) ,B (*,*) ,C (*,*)) FIXED (10);
           DO I = 1 TO HBOUND (A,1);
           DO J = 1 TO HBOUND (B,2);
           C (I,J) = 0;
           DO K = 1 TO HBOUND (A,2);
           C (I,J) = A (I,K) * B (K,J) + C (I,J);
         END;
         END MAMU;
         END BEISP11;
```

* Prozedurmarkenpräfix nach [24, S. 95]

Wir wollen also jetzt untersuchen, in welcher Weise mit den bisher vermittelten Kenntnissen der Multitasking-Funktion dieses Programm simultanisiert werden kann. Es liegt nahe, die beiden Unterprogramme INIT und MAMU als Subtasks aufzurufen. Dabei ist aber zu beachten, daß den Arbeitsobjekten ihr Speicherplatz vor der Ausführung einer Prozedur zugeordnet sein muß. Deshalb ist eine Initialisierung mit Hilfe der CALL-Anweisung in der Simultanverarbeitung nicht möglich. Im nachfolgenden Beispiel wird deshalb die Prozedur INIT als normale Subtask ohne das INITIAL-Attribut vor der Ausführung der Subtask MAMU aufgerufen, wobei die erste WAIT-Anweisung sicherstellt, daß die Ausführung der Hauptprozedur so lange unterbricht, bis die Anfangswerte im Bereich MATRA gespeichert sind. Eine weitere Simultanisierungsmöglichkeit bietet sich in der ersten PUT-Anweisung an, die die Anfangswerte der drei Bereiche MATRA, MATRB und MATRC zur Kontrolle ausgibt. Wir übergeben in dem nachfolgenden Programm diese Druckfunktion einer eigenen Prozedur „PUT", die von der Haupttask als Subtask aufgerufen wird und dabei jeweils einen Bereich ausdruckt. Simultan dazu kann dann schon die Multiplikation der Matrizen beginnen. Um mit der im Abschnitt 4.1 gebrachten Regel nicht in Konflikt zu kommen, wonach der TASK-Zusatz nur für externe Prozeduren vergeben werden darf, ist es zweckmäßig, im Multitasking interne Prozeduren möglichst zu vermeiden. Dann ist man frei, je nach Bedarf eine Prozedur in Subtasks aufzulösen.

Beispiel:

```
BEISP11:  PROCEDURE  OPTIONS  (MAIN,TASK);
          DCL  MATRA (2,3)  FIXED  (10),
               MATRB (3,2)  FIXED  (10)  INITIAL  ((2) 8, (2) 112233,1,2),
               MATRC (2,2)  FIXED  (10)  INITIAL  ((4) 0);
          CALL  INIT   (MATRA)  EVENT  (I);
                       WAIT  (I);
          CALL  PUT    (MATRA)  EVENT  (E_1);
          CALL  PUT    (MATRB)  EVENT  (E_2);
          CALL  PUT    (MATRC)  EVENT  (E_3);
          CALL  MAMU   (MATRA,MATRB,MATRC)  EVENT  (Z);
                         WAIT  (E_1,E_2,E_3,Z);
                         PUT  PAGE;
                         PUT  DATA (MATRC);
                         END BEISP11;
INIT:     PROCEDURE  (MATRA);
          DCL  MATRA  (*,*)  FIXED  (10)  ,K  FIXED  INIT  (0);
                    DO  I  =  1,2;
                    DO  J  =  1,2,3;
                        K  =  K  +  1;
            MATRA  (I,J)  =  K;
                          END  INIT;
```

```
MAMU:   PROCEDURE (A,B,C);
        DCL (A (*,*)  ,B (*,*), C (*,*)) FIXED (10);
                DO  I  =  1  TO HBOUND  (A,1);
                DO  J  =  1  TO HBOUND  (B,2);
                C (I,J)  =  0;
                DO  K  =  1  TO HBOUND  (A,2);
                C (I,J)  =  A (I,K)  *  B (K,J)  +  C(I,J);
                        END;
                        END MAMU;
PUT:    PROCEDURE (M);
        DCL  M (*,*)   FIXED (10);
        PUT  SKIP  LIST  (M);
                  END  PUT;
```

Als nächster Schritt zur weiteren Simultanisierung dieses Programms bietet sich die Prozedur MAMU an. Es ist naheliegend, die Faktoren der Produktmatrix simultan berechnen zu lassen und sie auch simultan auszudrucken. Übungsaufgabe 4.1 bringt die Lösung dieses Problems. Wir kommen noch einmal zur CALL-Anweisung zurück, um die Prioritätssteuerung, ausgelöst durch das Schlüsselwort PRIORITY, und den damit zusammenhängenden Taskbezeichner zu diskutieren. Jeder simultane Prozeduraufruf hat zwei tiefgreifende Konsequenzen für den Programmablauf, die man sehen muß:

1. Die zeitliche Aufeinanderfolge in der Reihenfolge der Taskaufrufe durch CALL-Anweisungen muß nicht der Notation des Programmierers folgen. Es können Prioritäten an Subtasks vergeben werden, die sich auf die Reihenfolge des Anschließens dieser Subtasks auswirken.

2. Die Sprachsyntax läßt zu, daß verschiedene Subtasks ein und dieselbe Prozedur anfordern. In diesem Fall muß das Betriebssystem entscheiden, in welcher Reihenfolge es diese Prozedur an die einzelnen Subtasks vergibt. Hat der Programmierer darüber nichts ausgesagt, dann erfolgt diese Vergabe auf Grund von „absoluten Prioritäten", die im Betriebssystem IBM/360-OS durch folgende Beziehung gegeben sind:

   Anfangspriorität Haupttask: (16 * Priorität Jobstep) + 10

Die Priorität des Jobsteps* legt der Programmierer in einer Steuerkarte des Betriebssystems fest, wobei diese Priorität Werte zwischen Null und Vierzehn annehmen kann. Der aus der obigen Formel resultierende Wert ist die Anfangspriorität der Haupttask. Besonders zu beachten ist, daß die Prioritäten von Subtasks diese Anfangspriorität der Haupttask nicht überschreiten können. Damit

* kleinster Teil eines Auftrags an ein Betriebssystem, der geschlossen ausgeführt wird.

ist dieser Wert auch die maximale Priorität, die irgendeine Subtask innerhalb eines Programms annehmen kann. Haben mehrere Tasks den gleichen absoluten Prioritätswert, dann wird als zweites Unterscheidungskriterium für die Prioritätssteuerung der Zeitpunkt herangezogen, an dem eine Subtask erzeugt worden ist.

Die *programmierte* Prioritätssteuerung sieht vor, daß man zusätzlich zur absoluten Priorität eine „relative Priorität" einführen darf, um sie an Subtasks zu vergeben. Dazu dient der Sprachzusatz PRIORITY zusammen mit einem Elementausdruck in der CALL-Anweisung. Dieser Ausdruck wird falls notwendig in eine ganze Zahl konvertiert und ergibt eine relative Priorität. Sie ist definiert als die Differenz der Prioritäten von anschließender und angeschlossener Task.

Beispiel:

```
CALL  UPRO1 (ARG1)  TASK  (T1)  PRIORITY (–2);
CALL  UPRO1 (ARG1)  TASK  (T2)  PRIORITY (–1);
```

In diesem Programmausschnitt hat die Task „T2" eine höhere Priorität als die Task „T1". Es wird also abweichend von der Notationsfolge der CALL-Anweisungen zunächst „T2" an die Haupttask angeschlossen und danach „T1". In beiden CALL-Anweisungen könnte man auch wieder den TASK-Zusatz, bestehend aus dem Schlüsselwort TASK und dem Taskbezeichner, weglassen. Eine Task muß nur dann bezeichnet sein, wenn das Programm an irgendeiner Stelle die relative Priorität einer Subtask abfragt oder modifiziert. Dazu dient die eingefügte Funktion PRIORITY (s. Anhang A1). Sie kann auch als Pseudovariable verwendet werden und verändert dann die Priorität einer Task im Programm.

Beispiel:

Priorität Jobstep = 2, d.h.
Priorität Haupttask = 42

Innerhalb der Haupttask hat der Programmierer die Pseudovariable notiert:

```
PRIORITY = –7;
```

Daraus resultiert:

modifizierte Priorität Haupttask = 35

In dieser Weise kann man die Prioritäten von Tasks zwischen dem Minimalwert Null, der nicht unterschritten werden kann, auch wenn sich rechnerisch ein negativer Wert ergeben würde, und dem Maximalwert 234 verändern. Diese Art, Prioritäten Subtasks zuzuteilen, soll noch am Ausschnitt aus einem größeren Programm weiter vertieft werden. Wir betrachten dazu folgende Anweisungsfolge:

```
        CALL VPRO (X)  TASK (T1) PRIORITY (-4)  EVENT (E1);
         I = PRIORITY  (T1);
        - - - - - - -
        CALL VPRO1 (X) TASK (T2) PRIORITY (-3)  EVENT (E2);
        - - - - - - -
        CALL VPRO (X)  TASK (T3) PRIORITY (-2)  EVENT (E3);
        - - - - - - -
        PRIORITY (T4) = -1;
        CALL VPRO1 (X) TASK (T4) EVENT (E4);
        WAIT (E1,E2,E3,E4);
        - - - - - - -
VPRO1:  PROC (X);
        - - - - - - -
         L = PRIORITY (T2);
        - - - - - - -
         END VPRO1;
        - - - - - - -
```

Die beiden Prozeduren VPRO und VPRO1 werden in folgender Reihenfolge aufgerufen:

VPRO1	als T4	wobei sich ergibt:	L = –2
VPRO	als T3		
VPRO1	als T2	wobei sich ergibt:	L = 0
VPRO	als T1.		

Beim ersten Aufruf der Prozedur VPRO1 liefert die Funktion PRIORITY den Wert Zwei als Differenz der Prioritäten der Tasks T2 und T4. Da beim zweiten Aufruf derselben Prozedur sie zur Task T2 gehört, hat jetzt die Prioritätsfunktion den Wert Null; denn die relative Priorität einer Subtask zu sich selbst ist natürlich Null.

Da die Pseudovariable PRIORITY während der Programmausführung Prioritäten von Tasks verändert, kann ein Programm aus einer angeschlossenen Task zurück in die anschließende verzweigen, ohne daß hierbei die RETURN- oder END-Anweisung wirksam wird. Dafür noch ein größeres Beispiel [14, S. 169], wobei wir wie oben als Priorität des Jobsteps den Wert Zwei voraussetzen:

Anweisungs-nummer		*Programm*	*Priorität oder Prioritätswert*
1	Z:	PROC OPTIONS (MAIN,TASK);	T(Z) = 42
		⋮	
6		PRIORITY = –7;	T(Z) = 35
		⋮	

```
12          CALL Y TASK(T1) PRIORITY(10);    T1 = 42
13          :
16          PRIORITY = 2;                    T(Z) = 37
17          A=PRIORITY(T1);                  A = -5
18          PRIORITY(T1) = -9;               T1 = 28
            :
25          END Z;                           T(Z) = 37
26     Y:   PROC;                            T1 = 42
            :
31          CALL X TASK(T2) PRIORITY(-4);    T2 = 38
32          PRIORITY = -10;                  T1 = 32
33          B = PRIORITY(T2);                NA (nicht aus-
            :                                geführt)
            :                                NA
40          END Y;                           NA
41     X:   PROC;                            T2 = 38
            :
47          PRIORITY = -8;                   T2 = 30
            :                                NA
            :                                NA
55          END X;
```

Am Beginn dieser Programmausführung hat die Haupttask den Prioritätswert 42. In der Anweisung „6" wird er auf „35" reduziert. In der Anweisung „12" schließt die Haupttask die Subtask T1 an, der in der CALL-Anweisung eine relative Priorität von „10" zugeteilt wird. Da die absolute Priorität dieser Subtask größer wäre als die maximal zugelassene Priorität der Haupttask (42), erhält T1 nur den absoluten Prioritätswert „42". Das Programm verzweigt dann aus der Haupttask zur Prozedur Y (Anweisungsnummer 26). Diese Prozedur schließt in der Anweisung 31 die Task „T2" mit einer absoluten Taskpriorität von 38 (42–4) an. Da diese Priorität kleiner ist als die Priorität von T1, verbleibt die Programmausführung bei dieser Task und zwar bis zur Anweisung „32". An dieser Stelle reduziert die Pseudovariable die Subtaskpriorität von T1 um den Wert „10", so daß erst jetzt die Task T2 ausgeführt wird; denn die Priorität dieser Subtask ist jetzt die höchste (T(Z) = 35, T1 = 32, T2 = 38). Durch den Prozeduraufruf „CALL X" geht die Programmausführung zur Anweisung 41 weiter und verbleibt in der Prozedur „X" bis zur Anweisung „47". Die Reduzierung der Priorität der Subtask T2 in dieser Anweisung um den Wert „8" unterbricht die Ausführung dieser Prozedur; denn sie hat jetzt nur noch den absoluten Prioritätswert „30", der damit kleiner ist als der gegenwärtige Wert der Priorität der Haupttask mit „35". Die Programmausführung geht zur Haupttask zurück und zwar dort zur nicht näher spezifizierten Anweisung „13".

Die Anweisung „16" erhöht die Priorität der Haupttask um den relativen Wert „2" auf die absolute Priorität „37". In der nächsten Anweisung wird die relative Priorität der Task „T1" mit Hilfe der PRIORITY-Funktion abgefragt, wobei infolge der Anweisung „32" die Variable A den Wert „–5" (32–37) annimmt. Die Anweisung „18" reduziert die relative Priorität von T1 gegenüber der Haupttask – denn zu dieser gehört diese Anweisung – um den Wert „9", so daß T1 jetzt die absolute Priorität „28" (37–9) hat. Die Anweisung „25" beendet schließlich als END-Anweisung der Hauptprozedur das Programm. Dies bedeutet, daß die beiden Prozeduren X und Y abnormal abgeschlossen wurden; denn ihre Prioritäten sind nicht mehr auf den Prioritätswert der Haupttask angehoben worden. Dieses Beispiel zeigt damit sehr deutlich die Gefahr, die in dieser Form der Prioritätssteuerung liegt, die durch die gegenseitigen und unübersichtlichen Abhängigkeiten von Tasks in ihrer absoluten Priorität verursacht wird.

Es sind nun die Anweisungen und Vereinbarungen für die *Synchronisation* von Prozeduren detailliert darzustellen. Auf der Vereinbarungsseite ist zunächst das Attribut EVENT zu erwähnen, das schon in Verbindung mit der CALL-Anweisung auftrat. Während es dort aber implizit Ereignisvariable definierte, dient es in einer Vereinbarung der expliziten Definition von Ereignisvariablen.

Beispiele:

```
DCL A EVENT AUTOMATIC,
    B EVENT BASED (ZEIGER),
    C EVENT CONTROLLED,
    D EVENT EXTERNAL,
    E (10) EVENT,
    F EVENT DEFINED (E),
    G EVENT INTERNAL,
    H EVENT STATIC,
    K EVENT ALIGNED;
```

Natürlich muß der Programmierer im obigen Beispiel den beiden Ereignisvariablen A und B in einer ALLOCATE-Anweisung Speicherplatz zuordnen, bevor sie zur Synchronisation simultaner Prozesse verwendet werden können. Als spezielle Arbeitsvorschriften für die Tasksynchronisation stellt die Sprachsyntax zwei Anweisungen und eine Funktion zur Verfügung, nämlich die WAIT-Anweisung, die der Programmierer auch in Verbindung mit der Funktion COMPLETION verwenden kann, und die DELAY-Anweisung. Die metalinguistische Sprachdefinition für diese beiden Anweisungen lautet [17]:

WAIT (<ereignisvariable> [,<ereignisvariable>]. . .)
[(<elementausdruck>)];
DELAY (<elementausdruck>);

Die WAIT-Anweisung unterbricht die Verarbeitung der Task, in der sie notiert wurde, so lange, bis alle in dieser Anweisung genannten Ereignisse, ausgedrückt durch Ereignisvariable, eingetreten sind. Ereignisvariable können skalare Größen oder Bereiche sein. Die WAIT-Bedingung kann ein Programmierer dadurch einschränken, daß er im metasprachlichen Zusatz „elementausdruck" die Anzahl der Ereignisse angibt, die eingetreten sein müssen, damit der Wartezustand einer Task aufgehoben wird. Ist dieser Elementausdruck gleich oder kleiner Null, dann ignoriert die Programmausführung die WAIT-Anweisung. Fernerhin wird er, falls erforderlich, in eine ganze Zahl konvertiert. Ist ihr Wert größer als die Anzahl der Ereignisse, die in dieser Anweisung notiert wurden, dann unterstellt die Sprachsyntax, daß sämtliche Ereignisse eintreten müssen, um den Wartezustand aufzuheben. Dabei können Ereignisvariable auch einen Bereich bilden.

Beispiele: Im nächsten Programmierbeispiel werden drei Ereignisvariable zu einem Bereich „E" zusammengefaßt und explizit definiert. Die Nennung dieses Bereichs in einer WAIT-Anweisung hat dann dieselbe Wirkung, als ob ein Programmierer drei Elementereignisvariable notiert hätte.

```
BEISP12:  PROC  OPTIONS  (MAIN,TASK);
          DCL  E (3)  EVENT;
          CALL  A  EVENT  (E(1));
          CALL  B  EVENT  (E(2));
          CALL  C  EVENT  (E(3)):
          WAIT  (E);
          PUT  SKIP  LIST   ('ENDE');
      A:  PROC;
          PUT  LIST  ('A');
          END  A;
      B:  PROC;
          PUT  LIST  ('B');
          END  B;
      C:  PROC;
          PUT  LIST  ('C');
          END  C;
          END  BEISP12;
```

In diesem kleinen Programmierbeispiel drucken die drei Subtasks A, B und C ihren eigenen Namen aus. Die WAIT-Anweisung in der Haupttask bewirkt, daß sie erst, nachdem alle Subtasks beendet sind, den Hinweis 'ENDE' ausgibt. Hätte ein Programmierer als Elementausdruck der WAIT-Anweisung die Ziffer „2" oder als Ereignisvariable „(E(1), E(2))" notiert, dann würde die Haupttask bereits nach Beendigung der beiden Subtasks A und B die Endzeile drucken.

Im nächsten Programmierbeispiel wollen wir skalare Ereignisvariable benutzen und sie implizit in CALL-Anweisungen definieren, um zu zeigen, welche Folgen es hat, wenn WAIT-Anweisungen fehlerhaft verwendet werden.

```
BEISP13: PROC  OPTIONS  (MAIN,TASK);
         DCL    (Y,Z)  (3,2)  DEC  FIXED  (2)  INITIAL (1,2,3,4,5,6),
                    X  (3,2)  DEC  FIXED  (2);
         CALL  T_1  EVENT (E_1);
         CALL  T_2  EVENT (E_2);
    T_1: PROC;
            X  =  4  *  Z;
         PUT  SKIP  LIST  (X);
         END  T_1;
    T_2: PROC;
            Z  =  Y  +  Z;
         PUT  SKIP  LIST  (Z);
         END  T_2;
         WAIT (E_1,E_2)  (1);
         PUT  SKIP  LIST  (X,Z);
         WAIT  (E_2);
         PUT  SKIP  LIST  (X,Z);
         END  BEISP13;
```

Dieses Programm führt die vier PUT-Anweisungen in folgender Reihenfolge aus:

```
1. Subtask T_1  :  PUT  SKIP LIST  (X);
2. Haupttask    :  PUT  SKIP LIST  (X,Z);
3. Subtask T_2  :  PUT  SKIP LIST  (Z);
4. Haupttask    :  PUT  SKIP LIST  (X,Z);
```

Die zweite PUT-Anweisung läuft infolge des Elementausdrucks in der ersten WAIT-Anweisung, der den Wert Eins hat, simultan zur Subtask T_2 ab. Da der Bereich Z aber erst innerhalb dieser Subtask verändert wird, druckt die zweite PUT-Anweisung noch die Anfangswerte dieses Bereichs aus. Die zweite WAIT-Anweisung bewirkt, daß die Haupttask anschließend so lange wartet, bis die Subtask T_2, mit der die Ereignisvariable E_2 verbunden ist, ihre END-Anweisung erreicht hat. Deshalb folgt erst jetzt die PUT-Anweisung dieser Subtask und anschließend die letzte PUT-Anweisung der Haupttask.

An dieser Stelle wäre auf einen besonders häufig vorkommenden Fall für die Verwendung der WAIT-Anweisung hinzuweisen. Es ist dies der Aufruf einer oder mehrerer Subtasks von einer Haupttask aus, wobei unmittelbar auf die CALL-Anweisungen die END-Anweisung der Haupttask folgt. Wenn der Programmierer vor dieser Anweisung keine WAIT-Anweisung im Programm niederschreibt, wird die Haupttask beendet, bevor die angeschlossenen Tasks ausgeführt sind.

Beispiel:

```
BEISP14: PROC   OPTIONS  (MAIN,TASK);
         A = 9.87654;
         CALL X_1  TASK;
         CALL X_2  TASK;
         CALL X_3  TASK;
    X_1: PROC;
         B = A** 2;
         PUT SKIP DATA (B);
         END X_1;
    X_2: PROC;
         C = A + SQRT (A);
         PUT SKIP DATA  (C);
         END X_2;
    X_3: PROC;
         D = A + A** 2 + A** 3;
         PUT SKIP DATA  (D);
         END X_3;
         END BEISP14;
```

Bevor die Subtasks X_1, X_2 und X_3 vollständig ausgeführt sind, beendet die letzte END-Anweisung dieses Programm, so daß es keine Ergebnisse ausdruckt. Um diesen Fehler zu beseitigen, muß der Programmierer vor der letzten END-Anweisung der Haupttask eine WAIT-Anweisung einfügen.

Wir haben bisher nur die einfachste Form der Synchronisation simultan ablaufender Prozeduren diskutiert, die mit binären Ereignisvariablen arbeitet. Nun ist es aber auch denkbar, eine Synchronisation dadurch zu erreichen, daß ein Prozeß für eine fest vorgegebene Zeit in einen Wartezustand überführt wird. Dazu dient die DELAY-Anweisung. Der Elementausdruck dieser Anweisung, der notiert sein muß und wieder, falls erforderlich, in eine ganze Zahl umgewandelt wird, legt die Unterbrechungszeit fest. Sie wird in Millisekunden gerechnet. Man muß aber beachten, daß diese Form, die Ausführung einer Task zu unterbrechen, zu erheblichen Stillstandszeiten der Datenverarbeitungsanlagen führen kann; denn in der Regel wird der Programmierer nicht abschätzen können, wie lange es dauert, bis eine bestimmte Folge von Anweisungssequenzen ausgeführt ist. In der Praxis verwendet man dieses Verfahren, um Taktimpulse zu erhalten, mit denen beispielsweise periodisch geprüft werden kann, ob Betriebsmittel belegt sind. Wir müssen jetzt noch über die beiden Multitasking-Funktionen berichten, die unmittelbar

Ereignisvariable in einem Programm ansprechen. Die Funktion COMPLETION (x) (s. Anhang A1), die nur die beiden Werte Null oder Eins annehmen kann, zeigt an, ob an einem informationellen Arbeitsprozeß, gekennzeichnet durch die Ereignisvariable „x", noch gearbeitet wird ('0'B) oder ob er bereits beendet ist ('1'B). Dabei kann das Argument dieser Funktion ein skalares Arbeitsobjekt oder ein Bereich sein. Im Fall des Bereichsarguments gibt der Funktionsaufruf auch einen Bereich an die aufrufende Variable zurück. Die Funktion STATUS (x) übergibt an die aufrufende Prozedur den gegenwärtigen Statuswert der im Argument genannten Ereignisvariablen „x", die wie bei COMPLETION wiederum eine skalare Größe oder ein Bereich sein kann. Der von dieser Funktion zurückgegebene Wert ist Null, wenn der Prozeß, den diese Ereignisvariable identifiziert, normal beendet wurde; und er ist nicht Null, wenn eine abnormale Beendigung vorliegt.

Die Sprachsyntax läßt zu, daß sowohl die Funktion COMPLETION als auch STATUS als Pseudovariable in einem Programm auftreten. Während aber die Pseudovariable STATUS in ihrer Arbeitsweise der analogen eingefügten Funktion entspricht, tritt bei der Pseudovariablen COMPLETION ein Unterschied auf, den der Programmierer beachten muß. Die in dieser Pseudovariablen genannte Ereignisvariable muß *inaktiv* sein. Diese Regel bedeutet, daß ein Programm eine Ereignisvariable, die durch einen Taskaufruf aktiviert wurde, nicht auf diese Weise verändern kann. Es ist also nicht möglich, Tasks dadurch in den Wartezustand zu überführen, daß die zugehörige Ereignisvariable auf den Wert '1'B gestellt wird. Für diesen Zweck muß man, wie schon erwähnt, auf die Prioritätssteuerung zurückgreifen. Für die simultane Verarbeitung von Prozeduren ist insbesondere die Pseudovariable COMPLETION interessant. Wenn Ereignisvariable mit Tasks verbunden sind*, dann gilt eine solche Zuordnung für die gesamte Ausführungszeit einer Task. Häufig wünscht ein Programmierer aber eine abschnittsweise Tasksynchronisation, die sich nicht auf eine gesamte Task bezieht. Als Beispiel nennen wir die Aufgabe, daß eine Haupttask Ergebnisdaten bereits ausdrucken soll, bevor die angeschlossene Subtask beendet ist. In einem solchen Fall ist es möglich, mit der Funktion COMPLETION Ereignisvariable explizit auf Null oder Eins zu stellen.

* Es wurde schon mehrfach darauf hingewiesen, daß im satzweisen Datenverkehr Ereignisvariable auch in Eingabe- und Ausgabeanweisungen verwendet werden dürfen.

Beispiel:

```
BEISP15: PROC  OPTIONS  (MAIN,TASK);
         DCL   (Y,Z) (3,2)  DEC  FIXED (2)  INITIAL  (1,2,3,4,5,6),
                  X  (3,2)  DEC  FIXED (2);
         COMPLETION (E1) = '0'B;
         CALL  P  EVENT  (E2);
         WAIT (E1);
         PUT  LIST  (X);
         WAIT  (E2);
         PUT  LIST  (Z);
      P: PROC;
         Z,X  =  4  *  Z;
         COMPLETION  (E1)  =  '1'B;
         X,Y  =  Z  +  X;
           Z  =  Y  +  Z;
         END;
         END BEISP15;
```

Zur Interpretation dieses Programmablaufs weisen wir zunächst darauf hin, daß die erste WAIT-Anweisung der Hauptprozedur die Ereignisvariable „E1" implizit definiert. Da die Prozedur „P" eine interne Prozedur zur Hauptprozedur ist, kennt sie auch diese Ereignisvariable, so daß sie dort in der Pseudovariablen COMPLETION zitiert werden darf. Die analoge Pseudovariable der Haupttask bewirkt zusammen mit der ersten WAIT-Anweisung, daß die Haupttask so lange unterbricht, wie in der angeschlossenen Task „P" die Ereignisvariable „E1" auf Null steht. Nachdem die Subtask die erste arithmetische Anweisung ausgeführt hat, wird dort der Ereignisvariablen „E1" in der COMPLETION-Anweisung dieser Subtask der Wert Eins zugewiesen, so daß bereits jetzt die Haupttask die erste PUT-Anweisung ausführen kann. Sie druckt das Ergebnis „X" aus. Auf diese Anweisung folgt dann eine zweite WAIT-Anweisung, die zur Folge hat, daß die Programmausführung der Haupttask wieder unterbricht und so lange ruht, bis die angeschlossene Task, der als ganzes die Ereignisvariable E2 zugeordnet ist, ihre END-Anweisung erreicht hat. Erst nach Eintritt dieses Ereignisses druckt die zweite PUT-Anweisung der Haupttask das Ergebnis „Z" aus. Hätte der Programmierer dieses Programm ohne die beiden COMPLETION-Anweisungen geschrieben, dann käme die Haupttask zu spät zur ersten PUT-Anweisung, so daß der Bereich X in der Subtask bereits die Summe Z + X aufgenommen hat.

An dieser Stelle müssen wir noch einmal darauf hinweisen, daß die Ereignisvariable in der Pseudovariablen COMPLETION inaktiv sein muß. Dies bedeutet, daß eine Task, die durch einen Taskaufruf aktiviert wurde, sich nicht selbst durch die Pseudovariable COMPLETION beenden kann. Diese Einschränkung soll an einem kleinen Beispiel demonstriert werden. Gegeben sei folgende Anweisungssequenz:

```
       CALL  TASK EVENT (V);
       WAIT  (V);
TASK:  PROC;
       _ _ _ _ _
       COMPLETION (V)  =  '1'B;
```

In diesem Fall würde eine Fehlermeldung die Folge sein. Halten wir noch einmal fest, daß der Programmierer mit Hilfe der Pseudovariablen COMPLETION das Niveau der Simultanisierung von Arbeitsprozessen in PL/1 von der Prozedurebene auf die Anweisungsebene herabziehen kann. Es wird manchmal gefordert, daß grundsätzlich in problemorientierten Sprachen die Anweisungsebene auch die Simultanisierungsebene sein soll. Ein Beispiel dafür ist die Simultananweisung nach Dijkstra [7]. Im Grenzfall ist es möglich, wenn auch umständlich, mit dem Instrumentarium der PL/1-Syntax diese Simultananweisung zu simulieren. Wir wollen dies noch an einem kleinen Beispiel demonstrieren.

Es sind drei Anweisungen (A=B+C,D=E*F,G=H+2*I) simultan auszuführen, danach das Produkt K = A*D und die Summe Y = A + D + G + K zu bilden. Folgende Programmabschnitte lösen diese Aufgabe:

```
BEISP16:  PROC   OPTIONS (MAIN,TASK);
                 _ _ _ _ _ _ _ _ _
          CALL   T_1  EVENT (E_1);
          CALL   T_2  EVENT (E_2);
          CALL   T_3  EVENT (E_3);
          WAIT   (E_1,E_2,E_3);
          END  BEISP16;
     T_1: PROC;
          DCL (A,B,C,D,E,F,G,H,I,Y,K)  EXTERNAL, (E1,E2,E3)
                EVENT EXTERNAL,_ _ _ _ _;
          COMPLETION (E1) =  '0'B;
          A = B + C;
          COMPLETION (E1) =  '1'B;
          WAIT   (E2,E3);
          Y = A + D + G + K;
          END T_1;
     T_2: PROC;
          DCL (A,B,C,D,E,F,G,H,I,Y,K)  EXTERNAL, (E1,E2,E3)
                EVENT EXTERNAL, _ _ _ _ _;
```

```
        COMPLETION (E2) = '0'B;
        D = E * F;
        WAIT  (E1);
        K = A * D;
        COMPLETION (E2) = '1'B;
        END T_2;
T_3:    PROC;
        DCL (A,B,C,D,E,F,G,H,I,Y,K) EXTERNAL, (E1,E2,E3)
            EVENT EXTERNAL, _ _ _ _ _;
        COMPLETION (E3) = '0'B;
        G = H + 2*I;
        COMPLETION (E3) = '1'B;
        END T_3;
```

Die Ereignisvariablen E1, E2 und E3, die explizit und mit dem Attribut EXTERNAL vereinbart wurden, steuern die abschnittsweise Tasksynchronisation. Es werden hierbei wie gefordert die drei Anweisungen A=B+C, D=E*F, G=H+2*I simultan in den drei Subtasks T_1, T_2 und T_3 abgewickelt. Danach bildet die Prozedur T_2 das Produkt K, wobei die WAIT-Anweisung in dieser Prozedur sicherstellt, daß die Summe A bereits bekannt ist. In gleicher Weise erreicht man durch die WAIT-Anweisung in der Prozedur T_1, daß sie die Summe Y erst dann bildet, wenn das Produkt K und die Summe G erarbeitet sind. Zum besseren Verständnis soll dieser Programmablauf noch durch einen Programmablaufplan* dargestellt werden.

Der besseren Übersicht halber wurden die drei Ereignisvariablen, die diese Prozesse steuern, in den Programmablaufplan mit eingetragen. Es soll an dieser Stelle auch noch darauf hingewiesen werden, daß im Gegensatz zur „kollateralen Abarbeitung" in ALGOL 68 hier die gesamte Synchronisation vom Programmierer übernommen werden muß.

* Symbole s. [10], zwei parallele Striche stellen den Synchronisationsschnitt dar.

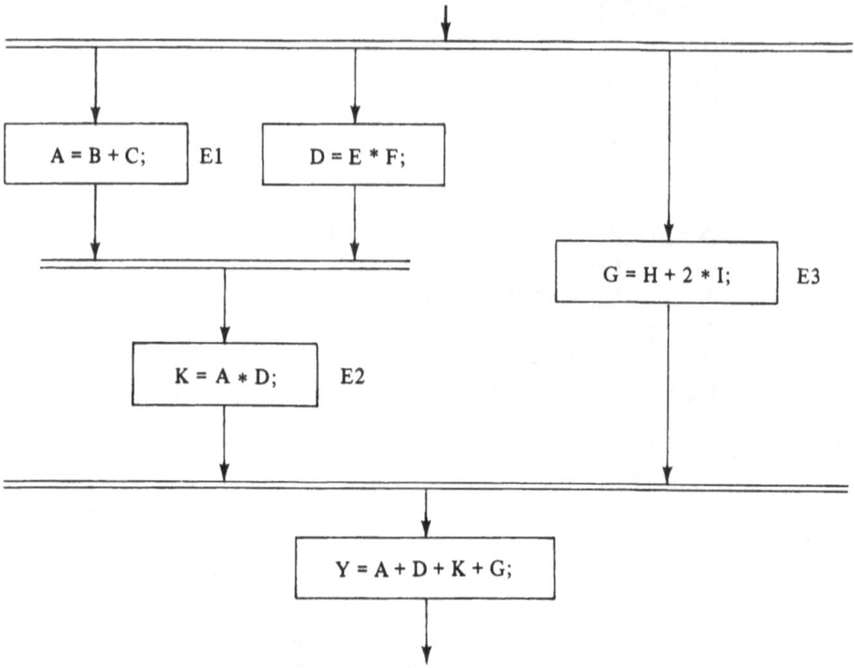

Verwendet man beim Programmieren die Synchronisationsmöglichkeiten, die von der Sprachsyntax zur Verfügung gestellt werden, in falscher Weise, dann kann ein Programm, in dem es in einen unauflösbaren Wartezustand übergeht, sich selbst blockieren. In der Fachliteratur wird diese Erscheinung als „Deadlock", zu deutsch „Verklemmung" bezeichnet [25, S. 417]. Dieser Begriff kommt aus der Systemprogrammierung her. Eine Verklemmung entsteht dort dadurch, daß zwei Prozesse P_1 und P_2 zur gleichen Zeit dieselben Betriebsmittel B_1 und B_2 benötigen und das Betriebssystem diese Betriebsmittel in folgender Weise vergibt: Der Prozeß P_1 benötigt das Betriebsmittel B_1 und erhält es vom Betriebssystem zugeteilt. Anschließend verlangt der Prozeß P_2 das Betriebsmittel B_2. Das Betriebssystem teilt ihm dieses Betriebsmittel zu. Bei der nächsten Betriebsmittelvergabe verlangt P_1 das soeben vergebene Betriebsmittel B_2, so daß dieser Prozeß notgedrungen in einen Wartezustand übergehen muß. Er kann erst dann aufgelöst werden, wenn P_2 das Betriebsmittel B_2 freigibt. Anschließend fordert P_2 das Betriebsmittel B_1 an, das an den Prozeß P_1 vergeben wurde. Obwohl dieser sich im Wartezustand befindet, bleibt trotzdem das Betriebsmittel mit ihm verbunden, so daß auch P_2 in einen Wartezustand übergeht. Es wartet also der Prozeß P_1 auf die Freigabe des Betriebsmittels B_2 und der Prozeß P_2 auf die Zuteilung von B_1. Auf die Multitasking-Funktion übertragen bedeutet diese Situation, daß zwei Tasks gemeinsam zwei Speicherbereiche oder zwei Dateien benutzen.

Beispiel:

```
BEISP17: PROC  OPTIONS (MAIN,TASK);
         DCL  (A_1,A_2) (3,2)  INITIAL (1,2,3,4,5,6) EXTERNAL;
         CALL  P_1 EVENT (E_1);
         CALL  P_2 EVENT (E_2);
         WAIT  (E_1,E_2);
         PUT  DATA (A_1,A_2);
         END  BEISP17;
    P_1: PROC;
         DCL   (A_1,A_2) (3,2) EXTERNAL,
               /*SIMUL . BETRIEBSMITTEL*/
               (EV1,EV2) EVENT  EXTERNAL;
         WAIT  (EV2);
         COMPLETION  (EV1) = '0'B;
         A_1 = A_1 + A_2;
         COMPLETION  (EV1) = '1'B;
         END P_1;
    P_2: PROC;
         DCL   (A_1,A_2) (3,2) EXTERNAL,
               /*SIMUL . BETRIEBSMITTEL*/
               (EV1,EV2) EVENT  EXTERNAL;
         WAIT  (EV1);
         COMPLETION  (EV2) = '0'B;
         A_2 = A_2 + A_1;
         COMPLETION  (EV2) = '1'B;
         END P_2;
```

In diesem Beispiel tritt die Verklemmung dadurch auf, daß die Prozedur P_1 in ihrem Anweisungsteil auf die Beendigung des Ereignisses „EV2" der Prozedur P_2 wartet und andererseits die Prozedur P_2 erst dann diese Ereignisvariable in den Einszustand überführen kann, wenn das Ereignis „EV1" der Prozedur P_1 eingetreten ist. Dabei ist zu beachten, daß beide Ereignisvariable mit dem Attribut EXTERNAL vereinbart wurden. Eine Strategie, Verklemmungen zu verhindern, besteht darin, einem und nur einem Prozeß alle Betriebsmittel zuzuordnen. Übertragen wir diese Regel auf unser Programm, dann bedeutet dies, daß beispielsweise die WAIT-Anweisung in P_1 wegzulassen ist. Es erhält jetzt zunächst diese Prozedur die beiden Speicherbereiche A_1 und A_2 zugeordnet. Die Prozedur P_2 wartet mit Hilfe ihrer WAIT-Anweisung auf die Beendigung von P_1. Erst dann stehen ihr dieselben Speicherbereiche zur Verfügung. In PL/1 können Verklemmungen auch dadurch verhindert werden, daß eine Task mittels der DELAY-Anweisung wartet. In unserem Programmierbeispiel könnte also entweder in P_1 oder in P_2 eine DELAY-Anweisung die WAIT-Anweisung ersetzen, wobei in der anderen Task die WAIT-Anweisung wieder wegfällt. Zum Abschluß dieses Kapitels muß der Vollständigkeit halber noch erwähnt werden, daß für den Aufruf von Prozeduren als Subtask, abgesehen von den speziellen Multitasking-Eigenschaften, die üblichen Regeln für den Aufruf von Prozeduren, insbesondere hinsichtlich der Parameterübergabe, gelten. So ist auch die im Abschnitt 3. dargestellte Listenverarbeitung ohne weiteres auch simultan auszuführen (s. auch Übungsaufgabe 4.5).

4.2.2 Simultaner E/A-Verkehr und Dateiverarbeitung

Die simultane Betriebsart moderner Datenverarbeitungssysteme kommt, wie schon herausgearbeitet, aus der zweiten Rechenmaschinengeneration, deren Anlagen die Fähigkeit besaßen, den peripheren Datenverkehr zeitlich überlappt zu internen Operationen auszuführen. Die Sprachsyntax von PL/1 bietet nun die Möglichkeit, diese Funktion, die dort fest verschaltet war, zu programmieren. Es lassen sich damit die Anweisungen des satzweisen Datenverkehrs und der Dateiverarbeitung (READ, WRITE, REWRITE und DELETE)* asynchron zu internen Anweisungen durchführen, wodurch der Programmdurchsatz erhöht wird. Zur Synchronisation von peripherem Datenverkehr und internen Operationen wird wiederum auf Ereignisvariable zurückgegriffen, die mit den Eingabe- und Ausgabeprozessen verbunden werden. Es ist dann in den Eingabe- und Ausgabeanweisungen, wie in der CALL-Anweisung, der Zusatz:

EVENT (<elementereignisvariable>)

zu notieren. Der Dateimodus muß dabei „UNBUFFERED" sein. Eine typische Anweisungsfolge enthält das folgende kleine Beispiel [24, S. 186]:

```
DCL KARTE FILE RECORD UNBUFFERED ENV (CONSECUTIVE);
            READ FILE (KARTE) INTO (ESATZ) EVENT (EINGABE);
                A = B + C;

                - - - - - - - - -
                WAIT (EINGABE);
                PUT DATA (Z);
```

Die erste Anweisung führt zur Eingabe eines Lochkartensatzes aus der Datei „KARTE" in die Struktur „ESATZ", wobei das Programm diesem Prozeß die Ereignisvariable „EINGABE" zuordnet. Sobald die Eingabeoperation gestartet wurde, fährt das Programm mit der Ausführung der arithmetischen Anweisung und darauf folgender Anweisungen fort. Kommt die Programmausführung zur

* zusätzlich auch noch die DISPLAY-Anweisung

WAIT-Anweisung, und ist der Eingabeprozeß noch nicht abgeschlossen, dann wartet das Programm mit der Ausführung der PUT-Anweisung so lange, bis der gesamte Datensatz „ESATZ" im Hauptspeicher steht. In gleicher Weise könnte auch noch eine WRITE-Anweisung simultan zur READ-Anweisung und den internen Operationen arbeiten. Wenn in dieser Weise mehrere periphere Geräte asynchron von einem Programm angesprochen werden, muß das ENVIRONMENT-Attribut angeben, wieviel Eingabe- und Ausgabeoperationen simultan ablaufen können. Dafür gibt es das Attribut:

NCP (<ganze dezimale zahl>)

Die ganzzahlige Dezimalkonstante, die einen Wert im Bereich zwischen 1 und 99 haben muß, spezifiziert die Anzahl der Kanalprogramme*, die zu gleicher Zeit aktiv sein können. Falls dieses Attribut nicht notiert wurde, gilt die Standardannahme „ein" Kanalprogramm. Aus dieser Regel folgt, daß dann nur eine einzige periphere Einheit simultan zu internen Operationen arbeiten kann.

Wir wollen den simultanen E/A-Verkehr an einem größeren Beispiel abschließend demonstrieren. Zu diesem Zweck greifen wir aus der Einführung die Aufgabe auf, Kontenveränderungen zu verarbeiten und die neuesten Kontenbestände auszudrucken [24, S. 144 ff.]. Lochkarten geben die Ausgangsdaten in die Datenverarbeitungsanlage ein. Dieser Eingabeprozeß soll jetzt simultan zur Kontenverarbeitung und dem Ausgabeprozeß, der die neuesten Kontenbestände druckt, abgewickelt werden. Auf den Eingabelochkarten sind die Daten in folgender Ordnung aufgezeichnet:

Name:	1– 20
Ort:	21– 35
Straße:	36– 60
Zwischenraum:	61– 67
Konto-Nr.:	68– 73
Betrag:	74– 80

Aufbau der Ausgabeliste:

1. Zeile:			2. Zeile:	
Zwischenraum:	1– 15	Druckstellen	Zwischenraum:	1– 15
Name links:	16– 35		Ort links:	16– 30
Zwischenraum:	36– 74		Zwischenraum:	31– 74
Name rechts:	75– 94		Ort rechts:	75– 89
Zwischenraum:	95–116		Zwischenraum:	90–116

* NCP ist die Abkürzung für Number of Channel Programs.

3. Zeile:		4. Zeile:	
Zwischenraum:	1– 15	Zwischenraum:	1– 15
Straße links:	16– 40	„KONTO-NR.":	16– 25
Zwischenraum:	41– 74	Konto links:	26– 31
Straße rechts:	75– 99	„SALDO=DM":	32– 47
Zwischenraum:	100–116	Saldo links:	48– 57
		Zwischenraum:	58– 74
		„KONTO-NR.":	75– 84
		Konto rechts:	85– 90
		„SALDO=DM":	91–106
		Saldo rechts:	107–116

Der Programmierer wird versuchen, möglichst viele Eingabe- und Ausgabeoperationen zu simultanisieren. Für die Eingabeseite bedeutet dies, daß wenn möglich nacheinander zwei Lochkarten eingelesen werden. Während die erste Lochkarte verarbeitet wird, läuft simultan der Eingabeprozeß der zweiten ab. Für diesen Ablauf ist es allerdings notwendig, zwei Eingabebereiche für Lochkarten im Hauptspeicher anzulegen. Damit ergibt sich folgendes Programm:

```
BEISP18: PROC   OPTIONS  (MAIN);
         DCL KARTE FILE RECORD  INPUT  UNBUFFERED  ENV
                                 (CONSECUTIVE,NCP(2)),
             LISTE  FILE  RECORD OUTPUT UNBUFFERED ENV
                                 (CONSECUTIVE,NCP(2)),
             1 EGB_KARTE_1,
               2 ENAM   CHAR(20),
               2 EORT   CHAR(15),
               2 ESTR   CHAR(25),
               2 EBK1   CHAR (7),
               2 EKTN   CHAR (6),
               2 EBTR   PIC'(5) 9V9R',
             1 EGB_KARTE_2 LIKE   EGB_KARTE_1,
/* VEREINBARUNG VON ZWEI ANALOGEN EINGABESTRUKTUREN */
             1 NAM_ZEILE,
               2 NACC   CHAR(1),
               2 NBK1   CHAR(15),
               2 LNAM   CHAR(20),
               2 NBK2   CHAR(39),
               2 RNAM   CHAR(20),
               2 NBK3   CHAR(22),
               NAM_LEER  CHAR (117)  DEFINED  NAM_ZEILE;
               NAM_LEER  =  '  ';
```

```
     DCL 1 ORT_ZEILE,
           2 OBK1   CHAR(16),
           2 LORT   CHAR(15),
           2 OBK2   CHAR(44),
           2 RORT   CHAR(15),
           2 OBK3   CHAR(27),
           ORT_LEER  CHAR (117)  DEFINED  ORT_ZEILE;
           ORT_LEER  =  ' ';
     DCL 1 STR_ZEILE,
           2 SBK1   CHAR(16),
           2 LSTR   CHAR(25),
           2 SBK2   CHAR(34),
           2 RSTR   CHAR(25),
           2 SBK3   CHAR(17),
           STR_LEER  CHAR(117)   DEF  STR_ZEILE;
           STR_LEER  =  ' ';
     DCL 1 KTN_ZEILE,
           2 KBK1   CHAR(16),
           2 LKON   CHAR(10),
           2 LKTN   CHAR(6),
           2 LSAL   CHAR(16),
           2 LSLD   PIC'(6) -9V.99',
           2 KBK2   CHAR(17),
           2 RKON   CHAR(10),
           2 RKTN   CHAR(6),
           2 RSAL   CHAR(16),
           2 RSLD   PIC'(6) -9V.99',
           KTN_LEER  CHAR(117)   DEF  KTN_ZEILE;
           KTN_LEER  =  ' ';
     DCL MERKER  CHAR(1)  INIT('L'),
           SCHALT  PIC'9' INIT(0);
     OPEN  FILE(KARTE), FILE(LISTE);
     ON    ENDFILE(KARTE)  GOTO  SL;
     READ  FILE(KARTE)   INTO(EGB_KARTE_1);
A:   READ  FILE(KARTE)   INTO(EGB_KARTE_2)  EVENT
                                             (EINGABE);
     /* VERARBEITUNG  1. LOCHKARTE */
           LNAM  =  EGB_KARTE_1.ENAM;
           LORT  =  EGB_KARTE_1.EORT;
           LSTR  =  EGB_KARTE_1.ESTR;
           LKTN  =  EGB_KARTE_1.EKTN;
           LSLD  =  LSLD   +  EGB_KARTE_1.EBTR;
```

```
LE:            MERKER = 'L';
        WAIT   (EINGABE);
LI:     IF     EGB_KARTE_2.EKTN ¬= LKTN THEN  GOTO RE;
               LSLD   = LSLD  + EGB_KARTE_2.EBTR;
        READ   FILE(KARTE) INTO(EGB_KARTE_2);
        GOTO   LI;
RE:     READ   FILE(KARTE) INTO(EGB_KARTE_1) EVENT (EING);
               MERKER = 'R';
               RNAM     = EGB_KARTE_2.ENAM;
               RORT     = EGB_KARTE_2.EORT;
               RSTR     = EGB_KARTE_2.ESTR;
               RKTN     = EGB_KARTE_2.EKTN;
               RSLD   = RSLD  + EGB_KARTE_2.EBTR;
        WAIT   (EING);
RI:     IF     EGB_KARTE_1.EKTN ¬= RKTN THEN  GOTO DR;
               RSLD   = RSLD  + EGB_KARTE_1.EBTR;
        READ   FILE(KARTE) INTO(EGB_KARTE_1);
        GOTO   RI;
DR:            RKON  = 'KONTO-NR.';
               RSAL  = '      SALDO = DM';
DL:            NACC  = '-'; /* 3 ZEILEN  VORSCHUB VOR DR */
               LKON  = 'KONTO-NR.';
               LSAL  = '      SALDO = DM';
        WRITE  FILE (LISTE) FROM (NAM_ZEILE) EVENT (AUSGABE);
        WRITE  FILE (LISTE) FROM (ORT_ZEILE);
        WRITE  FILE (LISTE) FROM (STR_ZEILE);
        WRITE  FILE (LISTE) FROM (KTN_ZEILE);
         WAIT  (AUSGABE);
               NAM_LEER,ORT_LEER,STR_LEER,KTN_LEER = '  ';
        GOTO   A;
SL:            SCHALT   = SCHALT  + 1;
        IF     SCHALT ¬=  1 THEN GOTO FINIS;
        IF     MERKER = 'L' THEN  GOTO DL;
        IF     MERKER = 'R' THEN  GOTO DR;
FINIS:  CLOSE  FILE(KARTE),FILE (LISTE);
        END  BEISP18;
```

Mit dem peripheren Datenverkehr und jeder Dateiverarbeitung sind Ausnahmebedingungen inhärent verbunden. Ein typisches Beispiel ist die ON ENDFILE-Bedingung. Es stellt sich natürlich sofort die Frage, was geschieht, wenn eine solche Bedingung während dieser Form des Simultanbetriebs auftritt; denn in der Regel verzweigt in einem solchen Fall das Programm aus dem normalen seriellen Ablauf zu der in der ON-Anweisung angegebenen Stelle im Programm, so daß die Programmausführung nicht zur WAIT-Anweisung kommen würde. Die Sprachsyntax von PL/1 legt deshalb fest, daß die WAIT-Anweisung in vier Fällen die Wirkung dieser Bedingungen so lange unterdrückt, bis die zitierte Ereignisvariable den Wert Eins angenommen hat. Diese vier Bedingungen sind ENDFILE, KEY, RECORD und TRANSMIT*. Alle anderen Unterbrechungen bleiben von der WAIT-Anweisung unbeeinflußt und werden an der Stelle, an der sie im Programm auftreten, ausgeführt. Schließlich muß noch erwähnt werden, daß der EVENT-Zusatz in der Dateiverarbeitung sowohl für sequentiellen als auch für direkten Zugriff zugelassen ist.

Diese Form der Simultanisierung in Programmen ist ausschließlich auf Eingabe- und Ausgabeanweisungen beschränkt, so daß die Prozeduren, in denen diese Anweisungen auftreten, nicht unter die Kategorie „Multitasking" fallen. Deshalb haben wir auch nicht im letzten Programmierbeispiel in der Prozedurvereinbarung der Hauptprozedur den Zusatz "TASK" notiert. Dies hat zur Folge, daß der Subtask-Aufruf, die DELAY-Anweisung und auch die Funktionen COMPLETION, PRIORITY und STATUS nicht zugelassen sind. Selbstverständlich kann man auch den simultanen Eingabe/Ausgabeverkehr mit der simultanen Prozedurausführung koppeln. Dabei kann aber das Problem auftreten, daß verschiedene Subtasks Dateien gemeinsam benutzen. Um sie vor unbefugtem Zugriff zu schützen, bedarf es spezieller Regeln, die notgedrungen von der seriellen Betriebsart abweichen müssen. Beispielsweise war es dort verboten, einer Datei nach ihrer Eröffnung verschiedene Dateiattribute wie INPUT oder OUTPUT explizit oder implizit zuzuordnen. Im Multitasking ist es aber ohne weiteres denkbar, daß eine Task eine Datei als INPUT-Datei verwendet, um die dort gespeicherten Daten für einen Arbeitsprozeß zu verwenden, während eine andere Task in dieselbe Datei neue Daten schreibt (OUTPUT-Datei). Es ist zu klären, welche Benutzer in einem solchen Fall Dateien eröffnen und schließen dürfen. Dafür gelten folgende Sprachregeln:

1. Wenn in einer Subtask ein Dateiname bekannt ist, dann gilt diese Datei nur dann als eröffnet, wenn sie bereits beim Subtaskaufruf eröffnet war.
2. Wenn eine Subtask eine Datei gemeinsam mit ihrer anschließenden Task verwendet, dann darf sie diese Datei nicht abschließen. Dieses Recht steht nur der anschließenden Task zu.
3. Daraus folgt, daß eine Subtask nicht mehr zu einer Datei zugreifen kann, nachdem diese Datei von der anschließenden Task geschlossen wurde.
4. Da die anschließende Task eine höhere Priorität in der Dateiverarbeitung hat, kann eine Datei, die von ihr abgeschlossen wurde, nicht wieder von einer angeschlossenen Task eröffnet werden.

* zur Definition s. [24, S. 241 f.]

Ein nächster Problemkreis ist die Frage der Dateibezeichner für Dateien, die gemeinsam von mehreren Tasks benutzt werden. Hier gilt die Regel, daß ein Dateibezeichner, der in einer anschließenden Task und einer Subtask vereinbart wurde, nur dann zu einer gemeinsamen Benutzung dieser Datei führt, wenn beim Anschluß der Subtask diese Datei eröffnet war (s. obige Regel 1). Ist dies nicht der Fall, dann wird diese Datei auch nicht gemeinsam von mehreren Tasks benutzt. In einem solchen Fall kann allerdings jede Task getrennt diese Datei eröffnen, verarbeiten und abschließen. Es sollen jetzt noch einige Programmierfallen herausgestellt werden, die in der gemeinsamen Benutzung von Dateien in PL/1 liegen:

1. *Dateizugriff SEQUENTIAL:* In der sequentiellen Verarbeitung von Magnetplattendateien kommt häufig die Anweisungsfolge READ-REWRITE (Lesen eines Datensatzes und Schreiben des modifizierten Datensatzes) vor. Dabei bezieht sich die REWRITE-Anweisung immer auf den zuletzt gelesenen Datensatz und zwar unabhängig davon, von welcher Task er gelesen wurde [s. auch 24, S. 198]. Wenn zwei Tasks zu derselben Datei zugreifen, kann der Fall eintreten, daß die eine Task einen Datensatz in den Hauptspeicher einliest und, bevor er modifiziert zurückgeschrieben wurde, bereits die zweite Task denselben Datensatz aufruft. Dann würde das Updaten der ersten Task nicht stattfinden. Mit Hilfe von Ereignisvariablen und der WAIT-Anweisung läßt sich aber auch eine solche Situation beherrschen. Trotzdem ist zu empfehlen, wenn möglich alle sequentiellen Zugriffe zu ein und derselben Datei innerhalb einer einzigen Task zu programmieren.

2. *direkter Zugriff:* Hier würde eine Regel, die den Zugriff zu einem Datensatz nur von einer Task aus zuläßt, die Multitasking-Funktion stark einschränken; denn die Dateifunktionen Verändern, Schreiben, Aufnehmen und Löschen werden häufig als Subtasks programmiert. Um trotzdem zu verhindern, daß eine Task mit einer anderen beim Zugriff zu ein und demselben Datensatz kollidiert, stellt die Sprachsyntax von PL/1 einen zeitweisen Sperrmechanismus in Gestalt des Dateiattributes EXCLUSIVE [24, S. 215] zur Verfügung. Dieses Attribut darf nur im Dateimodus UPDATE verwendet werden. Eine READ-Anweisung, die sich auf eine so definierte Datei bezieht, verschließt diese Datei für Zugriffe anderer Tasks (Lock-Mechanismus). Diese Sperre bleibt auch bestehen, nachdem die READ-Anweisung ausgeführt wurde, weil häufig eine REWRITE-Anweisung anschließt. Natürlich muß zu einem späteren Zeitpunkt die Programmausführung diesen Datensatz wieder *entsperren.* Dafür steht eine eigene Anweisung zur Verfügung, die UNLOCK-Anweisung. Weiterhin führen auch andere Anweisungen implizit zur Entsperrung, nämlich REWRITE, DELETE, CLOSE FILE und die END-Anweisung. Die UNLOCK-Anweisung hat die folgende formale Struktur:

UNLOCK FILE (<dateibezeichner>) KEY (<elementausdruck>);

Das Schlüsselwort FILE gibt die Datei an, die entsperrt werden soll. Sie muß die Attribute DIRECT, UPDATE und EXCLUSIVE haben. Das Schlüsselwort KEY definiert den Satz, dessen Sperre diese Anweisung aufheben soll. Dabei ist zu beachten, daß aus naheliegenden Gründen nur diejenige Task eine Sperre aufheben kann, die auch den betreffenden Datensatz verriegelt hat. Implizit werden während der Programmausführung Datensätze nach der Ausführung der REWRITE- und DELETE-Anweisung entriegelt. Das gilt allerdings auch wieder nur für den Fall, daß die Sperrung von derselben Task vorgenommen wurde. Das Schließen einer EXCLUSIVE-Datei durch die CLOSE-Anweisung entsperrt automatisch alle Datensätze. Denselben Effekt hat die Beendigung einer Task.

Der Sperrmechanismus für Dateien im direkten Zugriff ist also, wie die vorangegangenen Ausführungen zeigten, inhärent mit der READ-Anweisung verbunden. Jede Anweisung dieser Art, die sich auf eine Datei mit dem Attribut EXCLUSIVE bezieht, sperrt diesen Datensatz, nachdem sie ihn gelesen hat, für nachfolgende Zugriffe. Falls dies nicht erwünscht wird, könnte der Programmierer unmittelbar anschließend im Programm die UNLOCK-Anweisung notieren. Um Programmieraufwand zu sparen, stellt die Sprachsyntax einen speziellen Zusatz zur READ-Anweisung zur Verfügung (NOLOCK), der ebenfalls das Sperren verhindert*.

Beispiel:

```
OPEN  FILE(STAMMDA) DIRECT  UPDATE  EXCLUSIVE;
      ---------------------------------------
READ  FILE(STAMMDA) INTO(ARTSATZ)  KEY(SCHLUESSEL) NOLOCK;
```

In diesem Beispiel, das sich auf eine REGIONAL(3)-Datei bezieht, wird bei der Dateieröffnung „STAMMDA" mit dem Attribut EXCLUSIVE versehen. Damit würde jede READ-Anweisung, die diese Datei anspricht, den gelesenen Datensatz sperren. Der Zusatz NOLOCK in der zweiten Anweisung hebt die „LOCK-Funktion" auf. Dabei ist noch zu beachten, daß EXCLUSIVE die Dateiattribute RECORD, KEYED, DIRECT und UPDATE impliziert. Man könnte deshalb die obige OPEN-Anweisung auf folgende Form reduzieren:

```
OPEN FILE(STAMMDA) EXCLUSIVE;
```

In diesem Zusammenhang ist auf einen weiteren Fallstrick bei der Programmierung von EXCLUSIVE-Dateien hinzuweisen. Wird ein Datensatz einer REGIONAL(2)- oder REGIONAL (3)-Datei mehr als einmal in einer Task oder von mehreren Tasks aus angesprochen, so muß der Programmierer in jedem KEY-Zusatz die gleiche Regionnummer angeben. Wie sich die wichtigsten Dateianweisungen auf eine Datei mit dem Attribut EXCLUSIVE auswirken, haben wir abschließend in der Tab. 4-1 zusammengefaßt [15, S. 196].

* „readzusatza" [24,S. 138]

Anweisung	Status des unter Zugriff stehenden Satzes		
	nicht gesperrt	gesperrt durch diese Task	gesperrt durch eine andere Task
READ NOLOCK	Fortsetzung der Programmausführung	Fortsetzung der Programmausführung	Warten auf Entsperren
READ	1. Sperren des Dateisatzes 2. Fortsetzung der Programmausführung	Fortsetzung der Programmausführung	Warten auf Entsperren
DELETE oder REWRITE	1. Sperren des Satzes 2. Fortsetzung der Programmausführung 3. Entsperren des Satzes nach Ausführung der Anweisung	1. Fortsetzung der Programmausführung 2. Entsperren des Satzes nach Ausführung der Anweisung	Warten auf Entsperren
UNLOCK	keine Wirkung	Entsperren des Dateisatzes	keine Wirkung
CLOSE FILE	Entsperren aller gesperrten Dateisätze, Fortsetzen der CLOSE-Anweisung		
Beendigung einer Task	Entsperren aller Dateisätze, die durch diese Task gesperrt wurden, Abschließen der betreffenden Datei, falls sie in dieser Task eröffnet wurde.		

Tab. 4-1. Auswirkungen von Anweisungen auf EXCLUSIVE-Dateien

Diese Ausführungen zur gemeinsamen Benutzung von Dateien zeigen, daß sich der Programmierer bei der Benutzung der Multitasking-Funktionen immer im klaren sein muß, daß mehrere Tasks auf die gleiche Datei zugreifen. Im Grunde genommen ist dies nur ein Sonderfall; denn es können natürlich Arbeitsobjekte jeglicher Art, insbesondere Variable, von verschiedenen Tasks aus bearbeitet werden. Eine solche Bezugnahme darf natürlich nicht im gleichen Augenblick vorkommen, weil dies zu völlig undefinierten Werten führt. Auch hier ist wieder eine Synchronisation mit Hilfe der WAIT-Anweisung notwendig. Dabei muß der Programmierer noch folgende zusätzliche Regeln für die Speicherplatzzuordnung und den Gültigkeitsbereich von Vereinbarungen beachten:

1. Auf Arbeitsobjekte, denen Speicherplatz statisch zugeordnet wurde, vereinbart durch das Schlüsselwort STATIC [24, S. 66], kann jede Task zugreifen, in der ein solches Arbeitsobjekt bekannt ist.
2. Unabhängig von Taskgrenzen steht eine Variable, die dynamisch einem Arbeitsobjekt zugeordnet wurde (Vereinbarungstyp: AUTOMATIC) jedem Block zur Verfügung, in dem sie explizit oder implizit vereinbart wurde.
3. Eine Sonderform der dynamischen Speicherplatzzuordnung ist das Speicherklassenattribut CONTROLLED [24, S. 167], bei dem zunächst eine fiktive Zuordnung zwischen Speicherplätzen und Arbeitsobjekten besteht, die erst nach der Ausführung von ALLOCATE-Anweisungen effektiv wirksam werden. Beim Anschließen einer Task werden ihr nun automatisch die in dieser Form bestehenden Speicherplatzzuordnungen mitgeteilt, so daß die angeschlossene Task sich auf diese Zuordnungen beziehen kann. Führt jedoch die Haupttask nach Anschluß einer Subtask neuerlich einen ALLOCATE-Prozeß durch, so ist diese Speicherplatzzuordnung der Subtask nicht mehr bekannt. Ebenfalls haben weitere Speicherplatzzuordnungen in den Subtasks keinen Einfluß auf die Haupttask. Daraus folgt auch, daß jede Task nur die von ihr durchgeführten Speicherplatzzuordnungen mit einer FREE-Anweisung freigeben kann. Versucht trotzdem eine Subtask abweichend von dieser Regel Speicherplatzzuordnungen in anderen Tasks aufzuheben, so hat in diesem Fall die FREE-Anweisung keine Wirkung.

4.2.3 Beendigung von Tasks

Nachdem am Anfang dieses Abschnitts detailliert dargestellt worden ist, wie Tasks in einer Multitasking-Umgebung erzeugt werden, ist nun noch zusammengefaßt die Frage zu untersuchen, in welcher Weise Tasks beendet werden. Es sind zwei Kategorien zu unterscheiden, nämlich ein *normaler* Task-Abschluß und ein *abnormaler.* Wie jede Prozedur wird eine Task *normalerweise* dadurch beendet, daß sie entweder die END-Anweisung oder eine RETURN-Anweisung erreicht.

Auf eine abnormale Beendigung sind wir bereits im Abschnitt 4.2.1 im Beispiel der Prioritätssteuerung gestoßen. Daneben stellt die Sprachsyntax aber auch noch zwei spezielle Anweisungen für diese Form, eine Task abzuschließen, zur Verfügung, nämlich die EXIT- und die STOP-Anweisung. In beiden Fällen besteht die formale Definition ausschließlich aus dem Schlüsselwort, ohne irgendwelche Zusätze. Der Unterschied zwischen beiden Anweisungen ist darin zu sehen, daß sich STOP auf die Haupttask bezieht und EXIT auf die Task, in der diese Anweisung auftritt. Sie beendigt diese Task zusammen mit allen angeschlossenen Subtasks. Die STOP-Anweisung hingegen bewirkt die sofortige Beendigung der Haupttask und aller Subtasks. Eine EXIT-Anweisung in der Haupttask entspricht damit der STOP-Anweisung. Es mag zunächst unverständlich sein, wenn für die abnormale Beendigung von Tasks eigene Anweisungen zur Verfügung stehen. Deshalb ist es notwendig, kurz ihre Anwendung zu skizzieren. Beide Anweisungen werden dann benutzt, wenn in Tasks abnormale Bedingungen auftreten können, nach denen eine weitere Fortsetzung des Programms sinnlos ist. Der Programmierer wird sich in einem solchen Fall eine Fehlermeldung ausdrucken lassen und mit der EXIT- oder STOP-Anweisung das Programm abschließen.

Wenn eine Task beendet wurde, dann ergreift das Programm automatisch noch folgende Maßnahmen:

1. Alle Ereignisse, die in Eingabe- und Ausgabe-Anweisungen notiert und in dieser Task initialisiert wurden, aber noch nicht beendet sind, werden auf '1'B gesetzt. Genauso wird mit ihren Statuswerten verfahren.
2. Von einer Task eröffnete Dateien, die noch nicht abgeschlossen sind, werden geschlossen.
3. Speicherplatzzuordnungen durch ALLOCATE-Anweisungen werden freigegeben.
4. Alle aktiven Blöcke in einer Task, einschließlich aller aktiven Subtasks, werden beendet.
5. Alle von der Task gesperrten Sätze werden entsperrt.
6. Ist eine Task in der CALL-Anweisung mit dem EVENT-Zusatz angeschlossen worden, dann wird der Beendigungswert der entsprechenden Ereignisvariablen auf Eins gesetzt. Ist der Statuswert noch Null und erfolgte eine abnormale Beendigung, dann wird der Statuswert ebenfalls auf Eins gestellt. Ereignisvariable von angeschlossenen Tasks, die noch aktiv sind, werden von diesem Vorgang nicht berührt.

Übungsaufgaben

4.1 Es ist das Programm der Matrizenmultiplikation „BEISP11" in der Weise zu modifizieren, daß die Faktoren der Produktmatrix simultan berechnet werden und das Ergebnis sofort ausgedruckt wird.

4.2 Es ist das Programm „BEISP14" so zu vervollständigen bzw. zu modifizieren, daß es die gewünschten Ergebnisse liefert.

4.3 Ein Programmierer notiert im Programm „BEISP12" anstelle von WAIT(E) die Anweisung WAIT(E(1),E(3)); wie wirkt sich diese Änderung auf die Programmausführung aus?

4.4 Es ist anzugeben, welche Daten im nachfolgenden Programm die beiden PUT-DATA-Anweisungen ausgeben.

```
UEBAUF4_4:  PROC  OPTIONS  (MAIN,TASK);
            DCL  U(2,3)  INITIAL(9,8,7,6,5,4);
                         PRIORITY(T1) = -10;
            CALL V(U) TASK(T1)  PRIORITY(-1)  EVENT(E1);
                              I = PRIORITY(T1);
                    PUT  DATA(I);
                         WAIT(E1);
        V:  PROC(X);
            DCL X(2,3);
                    PUT  LIST(X);
                              K = PRIORITY(T1);
                    PUT  DATA(K);
                         END  V;
                         END  UEBAUF4_4;
```

4.5 Es ist die Übungsaufgabe 3.3 der Listenverarbeitung (Lösung: UEB3_3) in ein simultan ablaufendes Programm umzusetzen. Um dieser Forderung zu entsprechen, muß der Sortierprozeß aus der Hauptprozedur in ein Unterprogramm verlegt werden. Weiterhin ist auch die Funktion „ANZ" der Übungsaufgabe 3.1 in dieses Programm zu integrieren. Es soll sie simultan zum Sortierprozeß ausführen.

5. Programmstrukturen in PL/1 und strukturiertes Programmieren

5.1 Zusammenfassung der herkömmlichen Strukturelemente für die serielle Programmverarbeitung

Nachdem im letzten Kapitel zwangsläufig Strukturfragen von Programmen im Vordergrund standen, liegt es nahe, in dieser Richtung jetzt weiterzugehen; denn in der modernen Programmierung wird erwartet, daß Programme nicht nur syntaktisch richtig sind, sondern auch eine Methodik im Programmieren erkennen lassen, die mehr ist als ein „Programmbasteln". Jede Programmiermethodik ist aber auch ein Spiegelbild der verwendeten Programmiersprache, so daß man eigentlich beide Problemkreise gemeinsam behandeln sollte. Dies soll in diesem Abschnitt im Blick auf die problemorientierte Programmiersprache PL/1 skizzenhaft geschehen.

Wenn man gegenwärtig über Programmstrukturen spricht, dann wird sehr schnell der Begriff des „strukturierten Programmierens" in die Diskussion eingebracht. Um diesen Begriff vollständig erfassen zu können, sollen zunächst die wichtigsten Strukturelemente für die serielle Programmverarbeitung, die wir bereits in der Einführung dargestellt haben, noch einmal zusammengefaßt werden. Dabei legen wir das Normblatt DIN 44 300 und zwar den Abschnitt „Programmstruktur" zugrunde [9, S. 8 f.]. Dort wird davon ausgegangen, daß sich Programmstrukturen auf gerichtete Graphen abbilden lassen [24, S. 78]. Die einfachste Struktur, die sich dabei ergibt, ist graphentheoretisch gegeben durch zwei Knoten und eine Kante. Sie repräsentiert eine Folge von Anweisungen, die, wenn die erste Anweisung angesprochen wird, in der notierten Reihenfolge ausgeführt werden.

Beispiel:

```
PROZEDUR: PROC   OPTIONS (MAIN);
          END  PROZEDUR;
```

Als gerichteter Graph läßt sich diese einfachste Form einer Prozedur folgendermaßen darstellen:

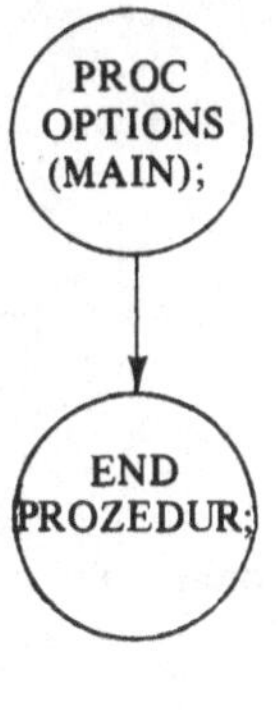

Die genormte Terminologie nennt dieses einfachste Strukturelement eines Programms eine *Strecke* [9, S. 8]. In der Regel wird eine Strecke aus mehr als zwei Knoten bestehen. So kann man top down-gesehen, d.h. von der Programmausführung in einem Betriebssystem her, jede PL/1-Prozedur als Strecke interpretieren. Eine zusammenhängende Folge von Strecken heißt in der genormten Begriffsterminologie ein *Weg* [9, S. 8]. In der herkömmlichen Programmiertechnik ist es nicht notwendig, einen Weg innerhalb eines Programms auch zusammenhängend zu notieren. GOTO-Anweisungen können verschiedene Strecken zu einem gemeinsamen Weg verbinden. Einen Weg kann man auch als einen informationellen Arbeitsprozeß interpretieren, den eine Folge sequentieller Teilprozesse konstituieren. Diese Teilprozesse gehören dabei zu den beiden Klassen Verarbeitungs- und Transportanweisungen [24, S. 53].

Dem Weg übergeordnet ist der Begriff *Zweig*. Er ist dadurch charakterisiert, daß er aus mehreren Wegen besteht, die mit genau einer Strecke beginnen oder in genau einer Strecke enden [9, S. 8]. Die Knoten im Graphen, an denen einer und nur einer von mehreren möglichen Wegen eingeschlagen wird, heißen Verzweigungen, die analogen Knoten, an denen mehrere Wege zusammenlaufen, nennt man Zusammenführungen. Der Programmbaustein Verzweigung hat also die Aufgabe, auf Grund einer vom Programmierer vorgegebenen Bedingung einen Weg aus einer Menge möglicher Wege zu selektieren. Es ergeben sich also bei der Abbildung eines Programmablaufplans auf einen Graphen zwei Klassen von Knoten, nämlich Verarbeitungs- und Transportknoten auf der einen Seite und Steuerungsknoten auf der anderen, die Programmsteuerungsanweisungen repräsentieren. PL/1 stellt verschiedene Arten von Verzweigungsanweisungen zur Verfügung*. Die IF-Anweisung, gegebenenfalls zusammen mit einer GOTO-Anweisung, wählt einen aus zwei möglichen Wegen aus. Besteht eine Verzweigung aus mehr als zwei Wegen, dann kann der Programmierer diese Funktion entweder mit mehreren IF-Anweisungen programmieren oder eleganter mit einer GOTO-Anweisung, in der die Verzweigungsadressen als Markenvariable notiert sind [24, S. 80]. Damit lassen sich alle Verzweigungsarten von PL/1 schematisch wie folgt darstellen:

* Die ON-Anweisung, die im Grunde genommen hier auch zu erwähnen wäre, wollen wir vernachlässigen.

1. *Zwei-Wege-Verzweigung:*

Fall a:

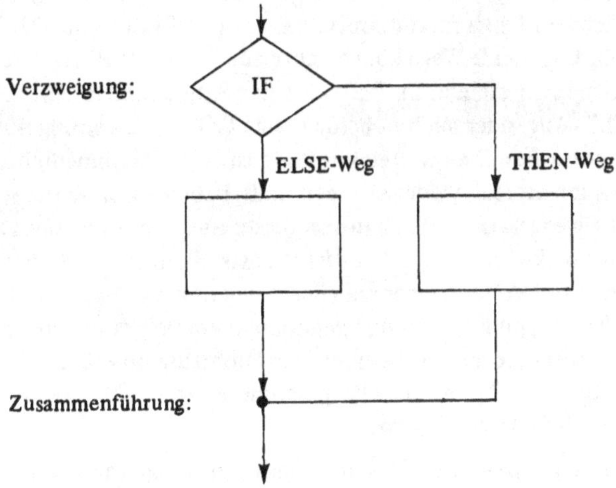

Fall b:

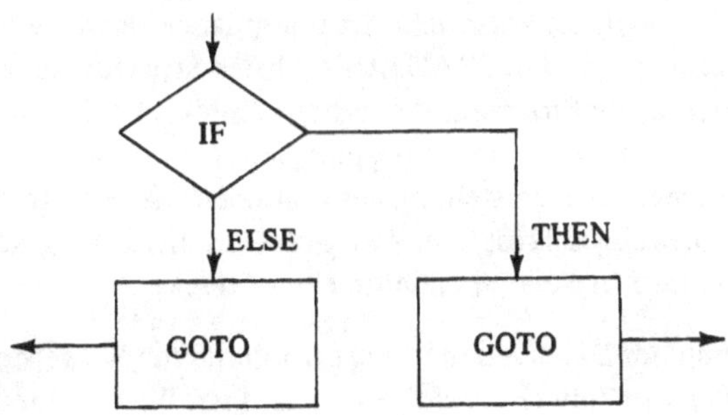

2. *N-Wege-Verzweigung* (N > 2):

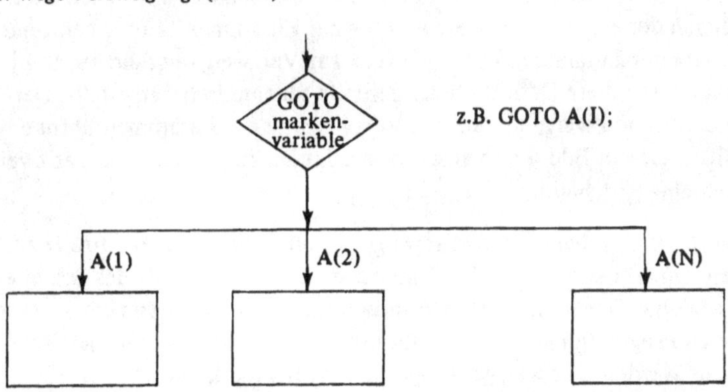

Es ist zunächst zu unterscheiden zwischen einer *Zwei-Wege-Verzweigung* und einer *N-Wege-Verzweigung.* Für die Zwei-Wege-Verzweigung sind noch einmal zwei Fälle möglich. Im Fall a folgt unmittelbar auf den ELSE- und THEN-Weg die Zusammenführung. Beide Wege können entweder aus einer einzigen Anweisung oder einer DO-Gruppe bestehen. Im Fall b hat der Programmierer entweder im ELSE- oder THEN-Weg, oder auch in beiden, eine GOTO-Anweisung notiert, was von der Sprachsyntax her ohne weiteres zulässig ist. Die Zusammenführung, die natürlich irgendwann einmal wieder erfolgen muß, haben wir in dieser schematischen Darstellung weggelassen. Sie kann von dieser Stelle im Programm aus gesehen vorwärts oder rückwärts liegen. Mit dieser Feststellung kommen wir bereits an einen kritischen Punkt der herkömmlichen Programmierungsmethodik. Damit keine Fehler auftreten, muß im Grunde genommen ein Programmierer prüfen, welche Programmzustände am Punkt einer Programmzusammenführung herrschen können. Diese Regel überfordert viele Programmierer, so daß die Verwendung von GOTO-Anweisungen fehleranfällig ist.

Die N-Wege-Verzweigung stellt in der herkömmlichen Programmierungstechnologie einen Programmschalter dar. Wie schon im Kapitel 1.4 erwähnt, ist sie in die moderne Form der strukturierten Programmierung als „CASE-Verzweigung" eingegangen [28, S. 40]. Sie entspricht der schon lange verwendeten „bedingten GOTO-Anweisung" in FORTRAN. Als nächstes Strukturelement führt die in DIN 44300 genormte Programmierungsterminologie noch den *abgeschlossenen Zweig* ein, „der mit einer Strecke beginnt und in einer Strecke endet" [9, S. 8]. Die obige schematische Darstellung des Falls a der Zwei-Wege-Verzweigung ist ein Beispiel eines abgeschlossenen Zweiges; denn dieser Programmausschnitt beginnt mit einer Strecke und endet in einer Strecke.

Viele Aufgaben der Datenverarbeitung erfordern eine Wiederholung von Programmteilen, deren Anweisungsfolge konstant ist. Wir kommen damit zu einem der wichtigsten Strukturelemente jeder Programmierung, der *Schleife.* Sie kann mit dem bisher erarbeiteten Instrumentarium interpretiert werden als eine Verzweigung und eine Zusammenführung und ein Paar von abgeschlossenen Zweigen, von denen der eine von der Verzweigung zur Zusammenführung geht und der andere von der Zusammenführung zurück zur Verzweigung führt [9, S. 8]. In Abb. 5-1 haben wir diese Definition der Schleife schematisch dargestellt. Der erste abgeschlossene Zweig, der von der Verzweigung zur Zusammenführung geht, wurde in diesem Bild durch ausgezogene Linien angedeutet und der zweite Zweig durch eine Strichelung.

Es ist natürlich auch möglich, die Verzweigung und die Zusammenführung zu vertauschen, wobei die Abfrage der Schleifenbedingung am Ende des Schleifendurchlaufs erfolgt. Schleifen können grundsätzlich mit dem bereits dargestellten Repertoire an Programmbausteinen, insbesondere der IF-Anweisung, gebildet und gesteuert werden. Mit weniger Programmieraufwand kommen spezielle

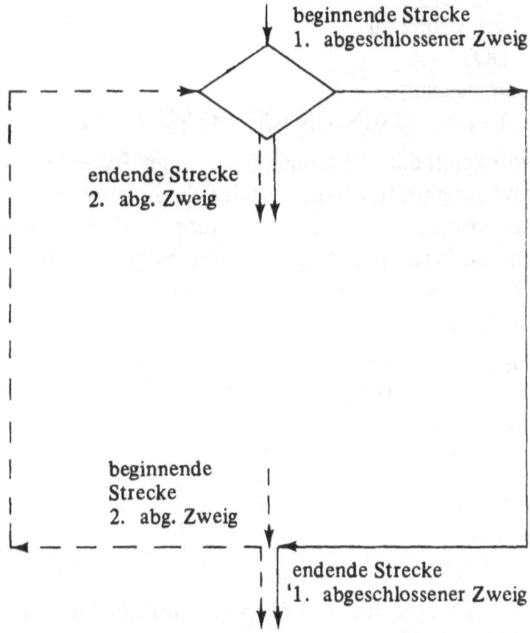

Abb. 5-1. Struktur Schleife nach [9, S. 8]

Anweisungen für die Schleifensteuerung, wie die DO-Anweisung in FORTRAN, ALGOL (for-do) und PL/1 aus. Von den drei Formaten der DO-Anweisung kommen für die Schleifensteuerung nur zwei in Frage, nämlich die DO WHILE-Schleife und die konventionelle DO-Anweisung, die durch eine Laufvariable gesteuert wird.

Die Form „DO-WHILE" steuert Schleifen mit variabler Durchlaufzahl, insbesondere iterative Schleifen, während die zweite Form für Schleifen mit konstanter Durchlaufzahl, häufig auch Zählschleifen genannt, und sukzessive Schleifen verwendet wird [24, S. 86 ff.]. Für komplexe Anwendungsfälle ist es oft zweckmäßig, die Einzelheiten der Schleifensteuerung zu kennen. Wir wollen deshalb die Ablaufstruktur für diese beiden Formen der DO-Anweisung noch auf die Steuerung mit IF-Anweisungen zurückführen.

1. DO WHILE-Schleife:

```
A_1: IF elementausdruck   THEN;
                          ELSE GOTO A_2;
        anweisung 1
        anweisung 2
```

```
             ----------
             anweisung m
             GOTO A_1;
      A_2:   anweisung n
          /* 1. ANWEISUNG NACH DO-SCHLEIFE */
```

Diese Ablaufstruktur zeigt, daß vor Beginn jedes neuen Durchlaufs der WHILE-Schleife die IF-Anweisung prüft, ob die „WHILE-Bedingung" noch gilt. Es muß also der Programmierer darauf achten, daß vor Eintritt in einen Schleifendurchlauf bekannt ist, wie die WHILE-Bedingung lautet. Folgende Anweisungssequenz wäre deshalb falsch:

```
          I  =  O;
   DO WHILE  ( A > B);
          I  =  I  +  1000;
          A  =  9876.54;
          B  =  1234.56;
          A  =  A  -  I;

   ------------
             END;
```

Im Gegensatz zur WHILE-Schleife setzt die herkömmliche DO-Schleife die Endbedingung am Ende des Schleifendurchlaufs, so daß erst am Beginn des nächsten Durchlaufs erkannt wird, ob eine Schleife abgearbeitet ist. Dies zeigt die Reduzierung der herkömmlichen DO-Schleife auf IF-Anweisungen. Dabei ist es zweckmäßig, das metasprachliche Element „<spezifikation>" (s. Kapitel 1.5) umzudefinieren:

```
spezifikation  ::= elementausdruck 1
{[TO elementausdruck 2 [BY elementausdruck 3]]}  [WHILE
{[BY elementausdruck 3 [TO elementausdruck 2]]}  (elementausdruck 4)]
```

2. DO-Schleife:

```
A_1: IF (elementausdruck 3> 0) & (elementausdruck 1>elementausdruck 2)
     | (elementausdruck 3<0) & (elementausdruck 1<elementausdruck 2)
     THEN GOTO A_2;
     IF elementausdruck 4 THEN;
                          ELSE GOTO A_2;
        anweisung 1
        anweisung 2

        ------
        anweisung m
        elementausdruck 1 = elementausdruck 1 + elementausdruck 3;
        GOTO A_1;
A_2:    anweisung n
        /* 1. ANWEISUNG NACH DO-SCHLEIFE */
```

Fehlt in der DO-Anweisung die Schrittweite, dann wird im Übersetzungsprozeß der Wert Eins eingesetzt. Die Abfrage, ob der „elementausdruck 3" größer oder kleiner Null ist, wird bedingt durch die Syntaxregel, wonach die Schrittweite auch negative Werte annehmen kann. Falls ein Programmierer in der DO-Anweisung das Sprachelement „spezifikation" zweimal verwendet hat, dann beginnt der Kompilierer unter der Marke „A_2" mit einer zweiten Anweisungsfolge, die analog zur oben angegebenen strukturiert ist, so daß in diesem Fall A_3 die Marke der ersten Anweisung nach der DO-Schleife ist. Analog wird bei mehr als zwei „Spezifikationen" vorgegangen. Hierbei ist noch zu berücksichtigen, daß wir abweichend von unserer Darstellung in der Einführung [24, S. 93] den Fall, daß vor WHILE ein Komma steht, jetzt als zusätzliche Spezifikation interpretieren.

In die Gruppierung der Programmstrukturen von PL/1 gehört schließlich auch noch der Prozedur- und Blockbegriff hinein. Nach DIN 44300 ist eine Prozedur ein „Programmbaustein, der aus einer zur Lösung einer Aufgabe vollständigen Anweisung besteht, aber nicht notwendig alle Vereinbarungen über Namen für Argumente und Ergebnisse enthält" [9, S. 5]. Während sich der zweite Teil dieser Definition auf Unterprogramme bezieht, legt der erste Teil externe und damit autonome Prozeduren fest. Dabei ist im Grenzfall der Programmbegriff identisch mit dem Prozedurbegriff, so daß jedes Programm vom Betriebssystem aus gesehen als Prozedur interpretiert werden kann. Dieses Prozedurkonzept ist zur Grundlage der im nächsten Abschnitt zu diskutierenden strukturierten Programmierung geworden. Eine zu lösende Aufgabe wird auf Strukturblöcke abgebildet, die Prozeduren sind und die sequentiell nacheinander abgearbeitet werden. Damit können wir Prozeduren, genauso wie Blöcke der PL/1-Syntax, im größeren Zusammenhang als Strecken interpretieren.

5.2 Strukturiertes Programmieren in PL/1

Programmieren vollzog sich bisher weitgehend als „Bastelei". Programmierer faßten Programme in einer Weise ab, wie sie es auf Grund ihrer persönlichen Berufserfahrung für richtig hielten; denn es gab lange Zeit hindurch keine allgemein anerkannten Konstruktionsprinzipien für den Software-Entwurf, die das Ergebnis wissenschaftlicher Forschungsarbeit waren. In anderen Ingenieurdisziplinen, wie dem Maschinenbau und der Elektrotechnik, besteht seit langem eine solche wissenschaftlich fundierte Entwurfslehre, die in den Ausbildungsplänen der Hochschulen einen breiten Raum einnimmt. Die junge Wissenschaft Informatik hat sich dagegen bisher vor allem darauf beschränkt, theoretische Grundlagen ihres Faches zu schaffen und auszubauen. Erst in den letzten Jahren sind Ansätze einer Softwaretechnologie erkennbar geworden, die unter dem Sammelbegriff *strukturiertes Programmieren* zusammengefaßt werden.

Es handelt sich dabei um drei grundlegende Konstruktionsregeln für den Software-Entwurf, die sich merksatzhaft folgendermaßen darstellen lassen:

1. Vermeide bei der Notation von Programmen soweit wie möglich GOTO-Anweisungen und die damit inhärent zusammenhängenden Marken.
2. Benutze als Anweisungen zur Programmsteuerung ausschließlich die IF-Anweisung, ohne im THEN- und ELSE-Zweig GOTO-Anweisungen zu verwenden, die DO-WHILE-Schleife und die CASE-Verzweigung.
3. Entwickle ein größeres Programmsystem schrittweise und stufenweise, indem von der Aufgabenstellung ausgehend die Komplexität dieses Systems so lange reduziert wird, bis am Ende ein reelles System vorliegt. In jedem Designschritt entstehen dabei Subsysteme, die in sich abgeschlossen sind und nur einen Eingang und einen Ausgang besitzen. Diese Entwurfstechnik führt zu einem Programmsystem, das aus Schichten besteht [6], wobei es die Aufgabe jeder Schicht ist, von bestimmten hardware- und softwarebedingten Eigenschaften der darunterliegenden Schicht zu abstrahieren. Subsysteme können deshalb untereinander nur über höherliegende Schichten kommunizieren, wodurch die Programmsteuerung übersichtlicher wird.

Diese Konstruktionsregeln sollen jetzt unter Berücksichtigung der PL/1-Syntax näher untersucht werden, wobei uns vor allem die Regeln 1 und 2 interessieren. Die GOTO-freie Programmierung geht auf Dijkstra zurück, der 1968 in einer Zuschrift an die Fachzeitschrift „Communications of the ACM" behauptet, daß ein unmittelbarer Zusammenhang zwischen der Anzahl der GOTO-Anweisungen in einem Programm und der auftretenden Programmierfehler besteht [8, S. 147 f.]. Er begründet diese Behauptung mit der Feststellung, daß jeder Programmierer überfordert wird, wenn man von ihm verlangt, daß er genau alle Programmzustände kennen soll, die an dem Punkt herrschen, an dem mehrere Programmzweige zusammengeführt werden. Kritisch ist also nicht in der problemorientierten Programmierung die durch eine GOTO-Anweisung ausgelöste Programmverzweigung, sondern die Zusammenführung. Im Grunde genommen müßte ein Programmierer, um Fehler zu vermeiden, alle Werte verfolgen, die eine Variable auf den verschiedenen Wegen durch einen Programmablaufplan annehmen kann. Diese Forderung ist in der Praxis undurchführbar. Abb. 5-2 zeigt einen typischen Programmablaufplan in konventioneller Programmiertechnik. Es sind dort fünf Wege von der Programmverzweigung „V" nach der Zusammenführung „Z" möglich. Obwohl in diesem Beispiel nicht einmal Rückwärtsverzweigungen auftreten, sondern nur Vorwärtsverzweigungen, ist ein solcher Programmablauf trotzdem schwer verständlich. Die GOTO-freie Programmierung soll die möglichen Wege durch einen Programmablaufplan reduzieren bzw. übersichtlicher gestalten.

Die strukturierte Programmierung empfiehlt also, GOTO-Anweisungen soweit wie möglich zu vermeiden. Selbstverständlich kommt der Programmierer nicht in allen Fällen ohne diesen Anweisungstyp aus. Man sollte aus dieser Regel kein

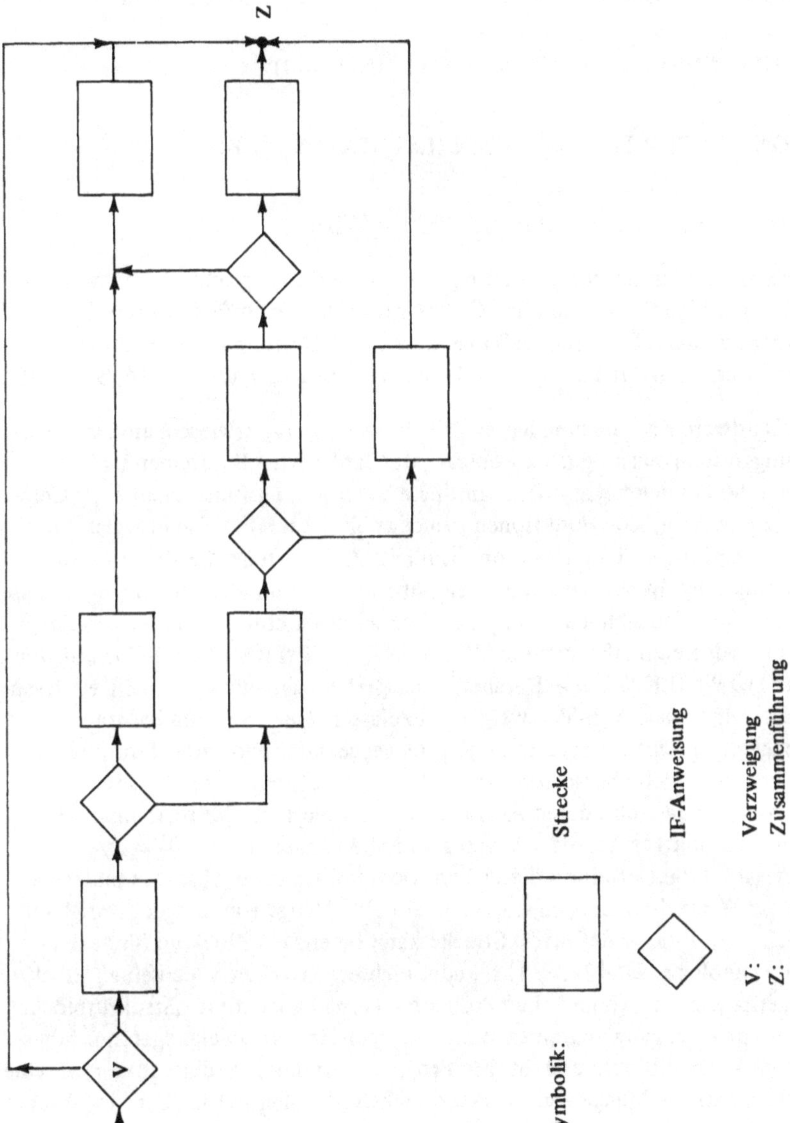

Abb. 5-2. Schematische Darstellung eines konventionellen Programmablaufplans

Dogma machen. Trotzdem ist es bei genauerer Untersuchung häufig möglich, diese Anweisung durch eine DO-WHILE-Schleife zu ersetzen. Ein typisches Anwendungsbeispiel dafür ist in PL/1 die Programmierung der ON-ENDFILE-Bedingung. Sie läßt sich durch folgenden Programmausschnitt ersetzen:

```
DCL ENDFILE_STATUS  BIT(1)  INIT('0'B);
- - - - - - - - - - - - -
ON  ENDFILE(SYSIN) ENDFILE_STATUS ='1'B;
- - - - - - - - - - - - -
DO  WHILE (ENDFILE_STATUS  ='0'B);
```

Es erhebt sich natürlich sofort die Frage, ob es überhaupt grundsätzlich möglich ist, jedes beliebige Programm ohne GOTO-Anweisungen zu formulieren. Böhm und Jacopini haben bewiesen, daß man durch eine Umgestaltung des Programmablaufs durchaus in der Lage ist, auf diese Anweisung zu verzichten [4, S. 366 ff.].

In der Hardware-Entwicklung hat es sich als zweckmäßig erwiesen, ein Datenverarbeitungssystem aus möglichst wenigen, standardisierten Bausteinen zu konstruieren. So können bekanntlich sämtliche Verarbeitungsfunktionen eines Computers auf zwei logische Funktionen zurückgeführt werden, beispielsweise die Und-Verknüpfung und die Negation. Ähnliche Ziele verfolgt die strukturierte Programmierung. In der schon zitierten Arbeit von Böhm und Jacopini weisen die Verfasser nach, daß sich jede komplexe Programmstruktur auf drei Programmbausteine reduzieren läßt, nämlich die *Strecke,* die IF THEN ELSE-*Verzweigung* und die DO WHILE-*Schleife.* Darüber hinaus hat es sich als zweckmäßig erwiesen, noch zusätzlich die CASE-Verzweigung zuzulassen. Der Programmbaustein „Strecke" entspricht der im letzten Kapitel gegebenen genormten Terminologie, indem er eine in sich abgeschlossene Funktionseinheit mit einem Eingang und einem Ausgang darstellt, deren Aufgabe wohl definiert ist. Der mathematisch formulierte Funktionsbegriff, der von geordneten Paaren (x_1, y_1) (x_2, y_2) ..... ausgeht, ist für die Definition dieser Funktionseinheit anwendbar. Sie bildet die Menge der Werte ihrer Eingangsvariablen auf eine Menge von Ausgangsvariablen ab [21, S. 15]. Eine so definierte Strecke kann bereits ein Block im Sinne der PL/1-Terminologie sein [24, S. 151], oder mehrere Strecken bilden einen Block. Im Gegensatz zur herkömmlichen Programmierung haben diese „Strukturblöcke" aber nur einen Eingang und einen Ausgang. Auch sind Verzweigungen nur innerhalb eines solchen Blocks erlaubt. Ein Programm ist dann wieder definiert als eine endliche nichtleere Menge von Strukturblöcken, die aber nur in Richtung ihrer Notation ausgeführt werden. Dadurch wird ein Programm besser lesbar, indem es nicht notwendig ist, von einem schon gelesenen Block zu einem vorhergehenden zurückzuspringen. Dies ist ein wesentlicher Gesichtspunkt, der dazu geführt hat, daß strukturiert niedergeschriebene Programme weniger fehleranfällig sind als herkömmliche Programme [13, S. 38 ff.]. Wir kommen damit zu folgender schematischer Darstellung der in der strukturierten Programmierung zugelassenen Programmbausteine [21, S. 15 ff.]:

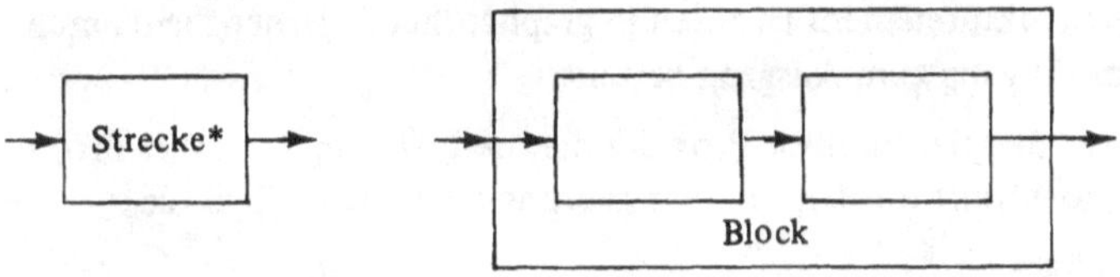

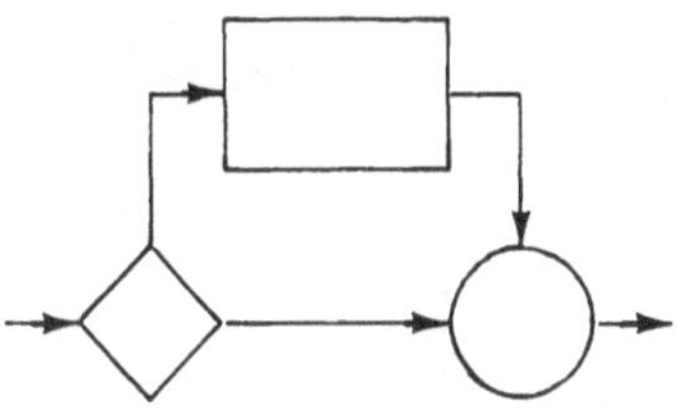

IF-THEN-Konstruktion**

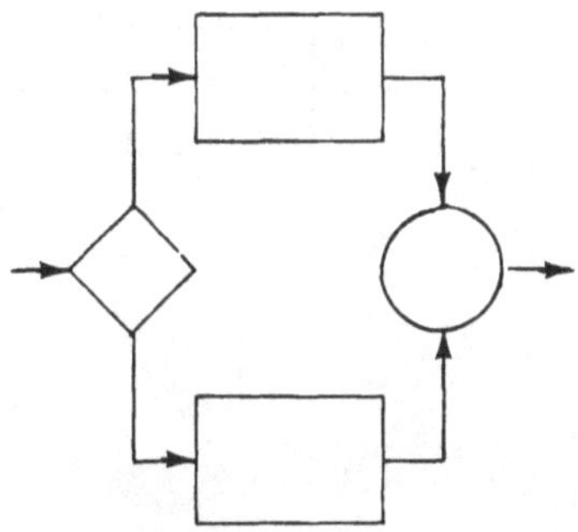

IF-THEN-ELSE-Konstruktion

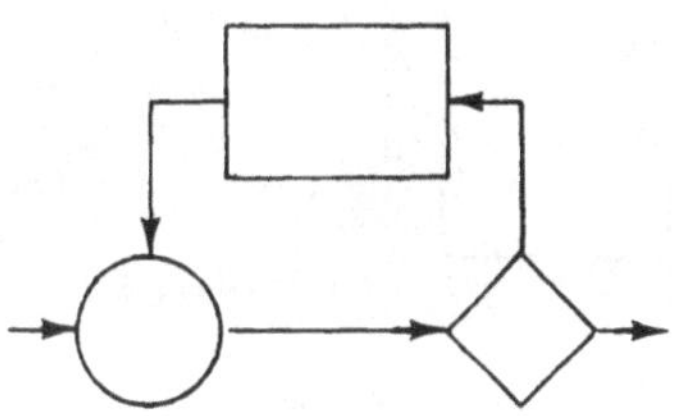

DO-WHILE-Konstruktion

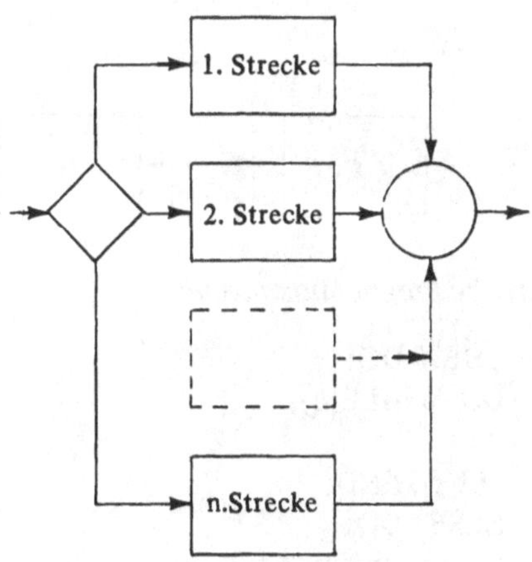

CASE-Konstruktion***

* nach Mills „Prozeß" [21, S. 13]

** Der Kreis als Symbol für die Zusammenführung wird hier aus Gründen der besseren Übersichtlichkeit entgegen den genormten Symbolen für Programmablaufpläne eingeführt

*** findet sich bei Mills nicht, sondern nach Wirth [28, S. 40]

Ein strukturiertes Programm besteht nur aus diesen Konstruktionselementen, wobei zwei weitere Bedingungen hinzukommen [21, S. 17]:

1. Es hat nur einen Eingang und einen Ausgang.
2. Durch jedes Strukturelement (Knoten in graphentheoretischer Sicht) muß ein Weg vom Eingang zum Ausgang bestehen.

Wir wollen als erstes Beispiel für diese Programmiermethode ein korrektes Programm im Lichte der strukturierten Programmierung darstellen [21, S. 26]:

1. *Programmablaufplan:*

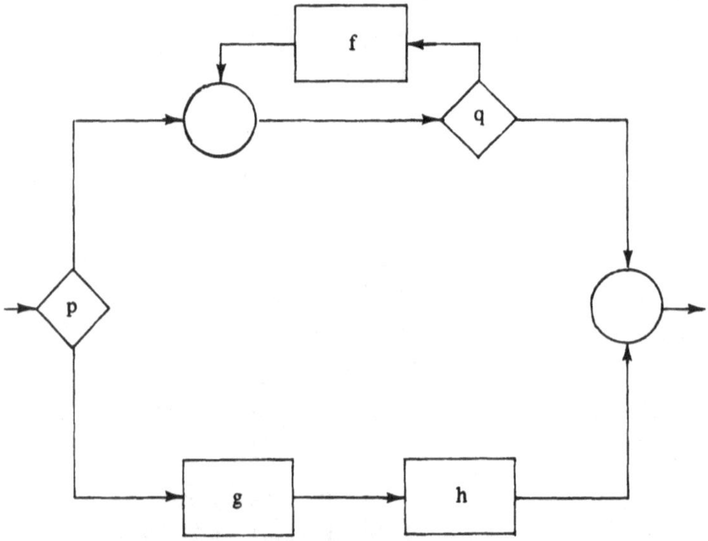

2. *schematische Programmnotation:*

```
IF p THEN DO;
        DO WHILE(q);
                f
         END; END;
        ELSE  DO;
                g
                h
         END;
```

Zu diesem kleinen, nicht vollständig ausgeführten PL/1-Programm sind noch zwei Erläuterungen zu geben. So soll zunächst daran erinnert werden, daß „p" ein Ausdruck oder auch nur eine Variable sein kann [24, S. 81, 193]. Dabei wird der

Ausdruck oder die Variable bekanntlich in eine Bitkette konvertiert und geprüft, ob in ihr eine binäre Eins vorkommt. Ist dies der Fall, dann geht das Programm mit dem THEN-Zweig weiter. Des weiteren verbietet die PL/1 Syntax im THEN- und ELSE-Zweig einige Anweisungsarten, nämlich BEGIN, DECLARE, DO, END, PROCEDURE und die beiden Vereinbarungen ENTRY und FORMAT. Im obigen Beispiel wird diese Regel dadurch umgangen, daß die DO-Schleife in eine DO-Gruppe eingebettet ist.

Als Beispiel für eine Programmstruktur, die in der strukturierten Programmierung verboten ist, bringt Mills [21, S. 18] folgenden Ausschnitt aus einem Programmablaufplan:

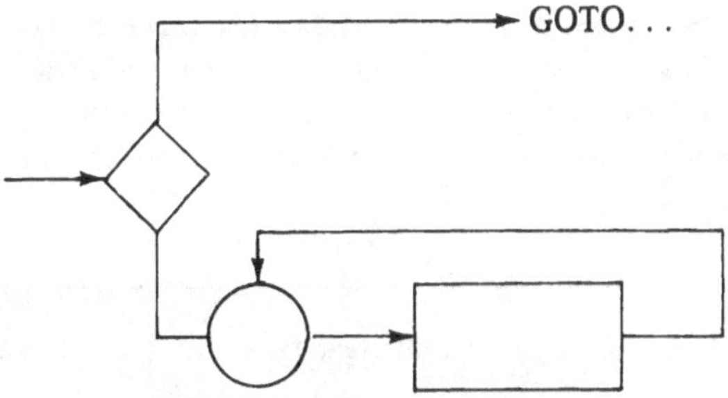

In der strukturierten Programmierung sollen also Schleifen grundsätzlich mit der DO-WHILE-Konstruktion programmiert werden. Dies gilt auch für Zählschleifen.

Beispiel:

```
BEISP19: PROC OPTIONS (MAIN);
         DCL A(10) DEC FIXED(2) INIT(1,2,3,4,5,6,7,8,9,10),
             I DEC FIXED(2) INIT(1);
         DO WHILE (I<=10);
         PUT DATA (A(I));
         I = I + 1;
         END;
         END BEISP19;
```

Dieses kleine Programm druckt mit der PUT-Anweisung die Werte des Bereichs A aus.

Wir kommen jetzt noch kurz zur dritten Regel der strukturierten Programmierung, nämlich der stufenweisen „*Top Down-Programmierung*" von Softwareprodukten. In der herkömmlichen Programmierungsmethode, dem "Bottom Up-Entwurf", versuchte der Programmierer, eine Programmieraufgabe in der Weise zu lösen, daß er irgendwo „unten" seine Arbeit begann und irgendwie, manchmal mit Hilfe von Programmiertricks, die Aufgabe löste. Es ist offensichtlich, daß in einer solchen Programmiermethode jedes Programm die individuelle Note seines Programmierers trägt. Um zu einer Standardisierung von Softwareprodukten zu kommen, ist es notwendig, die Menge der Lösungsmöglichkeiten für eine gegebene Aufgabe einzuschränken. Im Top Down-Entwurf geht die Programmierung von der funktionellen Beschreibung eines Programmbausteins aus und legt auf der nächstniederen Realisierungsstufe fest, auf welche Art diese Funktion auszuführen ist. In der Praxis wird man in der Regel einen Kompromiß aus den beiden dargelegten Entwurfsmethoden schließen und durch Iteration sich auf irgendeiner Schnittstelle in der Mitte treffen. Die einzelnen Schritte der Top Down-Programmierung können als Baum dargestellt werden. Ausgehend von der Wurzel des Baums, in der die zu lösende Aufgabe definiert ist, werden Knoten abgeleitet, die eine Realisierung des Wurzelknotens darstellen. Diese Knoten sind Subsysteme. Die Schnittstellen zwischen den einzelnen Realisierungsebenen enthalten jeweils ein Verzeichnis der Funktionen der untergeordneten Subsysteme. Man kommt damit zu folgender schematischer Darstellung der Top Down-Programmierung.

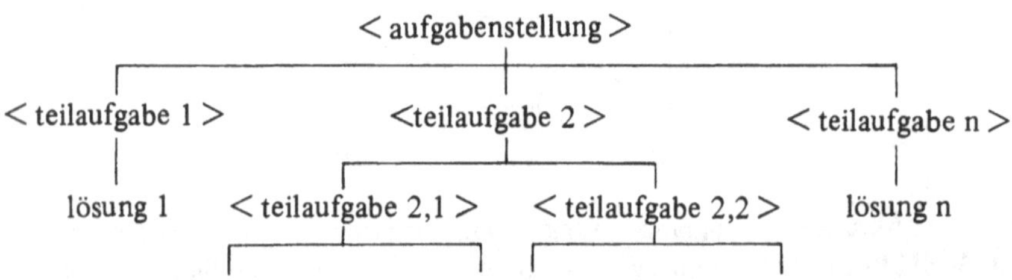

Ein typisches Beispiel für eine solche Struktur sind komplexe Softwaresysteme, die in der Regel aus einem Systemkern und Programmbausteinen zur Initialisierung und Beendigung bestehen. Der Systemkern läßt sich in weitere Subsysteme aufteilen, die wiederum aus Kernen bestehen, die zu initialisieren und abzuschließen sind.

Zum Abschluß sollen diese Ausführungen noch an einem etwas größeren Programmierbeispiel vertieft werden.

5.3 Programmierbeispiel für strukturiertes Programmieren in PL/1

Wir greifen jetzt das im Kapitel 4.2.2 dargestellte Programmierbeispiel für den simultanen E/A-Verkehr noch einmal auf (BEISP18). Der kritische Leser wird folgende Nachteile an diesem Programm erkennen:

1. Die Bedeutung, die Variablennamen in diesem Programm haben, ist schlecht zu erkennen, und man kann sie sich deshalb auch schwer merken.

2. Der Ablauf der Programmausführung, insbesondere die Aufbereitung der einzelnen Druckzeilen, ist schwer zu durchschauen. Es wird deshalb jetzt unser Ziel sein, die Druckaufbereitung aus dem Hauptprogramm herauszunehmen und von Unterprogrammen durchführen zu lassen, so daß das Hauptprogramm kürzer und damit auch übersichtlicher wird.
3. Die Steuerung der Programmschleifen erfolgte bisher ausschließlich durch IF-Anweisungen zusammen mit GOTO-Anweisungen, wodurch die Anweisungsfolge, die zu einer Schleife gehört, schwer zu erkennen ist. Wir versuchen, für diese Schleifensteuerung jetzt soweit wie möglich DO WHILE-Schleifen zu verwenden.

Damit ergibt sich folgendes modifizierte Programm, von dem wir glauben, daß es im großen und ganzen selbsterklärend ist.

```
BEISP20: PROC  OPTIONS (MAIN);
         DCL  LOCHKARTENEINGABE FILE  RECORD INPUT
              UNBUFFERED ENV  (CONSECUTIVE NCP (2)),
              DRUCKERAUSGABE  FILE  RECORD OUTPUT
              UNBUFFERED  ENV (CONSECUTIVE NCP (2));
         DCL 1  EINGABESATZ_1,
                2  NAME                CHAR(20),
                2  ORT                 CHAR(15),
                2  STRASSE             CHAR(25),
                2  ZWISCHENRAUM        CHAR(7),
                2  KONTO_NR            CHAR(6),
                2  BETRAG      PIC '(5) 9V9R ';
         DCL 1  EINGABESATZ_2  LIKE  EINGABESATZ_1;
         DCL 1  ZEILE_1, /* NAMENSZEILE */
                2  STEUERZEICHEN       CHAR(1),
                2  ZWISCHENRAUM_1      CHAR(15),
                2  NAME_LINKS          CHAR(20),
                2  ZWISCHENRAUM_2      CHAR(39),
                2  NAME_RECHTS         CHAR(20),
                2  ZWISCHENRAUM_3      CHAR(22);
                   ZEILE_1  =  '  ';
         DCL 1  ZEILE_2,  /* ORTSZEILE */
                2  ZWISCHENRAUM_1      CHAR(16),
                2  ORT_LINKS           CHAR(15),
                2  ZWISCHENRAUM_2      CHAR(44),
                2  ORT_RECHTS          CHAR(15),
                2  ZWISCHENRAUM_3      CHAR(27);
         DCL  ZEILE_2_LEER  CHAR(117)  DEFINED  ZEILE_2;
                   ZEILE_2_LEER  =  '  ';
```

```
        DCL 1  ZEILE_3, /* STRASSENZEILE */
               2 ZWISCHENRAUM_1  CHAR(16),
               2 STRASSE_LINKS   CHAR(25),
               2 ZWISCHENRAUM_2  CHAR(34),
               2 STRASSE_RECHTS  CHAR(25),
               2 ZWISCHENRAUM_3  CHAR(17);
        DCL ZEILE_3_LEER  CHAR(117) DEFINED ZEILE_3;
                ZEILE_3_LEER = '  ';
        DCL 1  ZEILE_4, /* KONTOZEILE */
               2 ZWISCHENRAUM_1          CHAR(16),
               2 TEXT_KONTO_NR_LINKS     CHAR(10),
               2 KONTO_NR_LINKS          CHAR(6),
               2 TEXT_SALDO_LINKS        CHAR(16),
               2 SALDO_LINKS             PIC '(6) -9V.99 ',
               2 ZWISCHENRAUM_2          CHAR(17),
               2 TEXT_KONTO_NR_RECHTS    CHAR(10),
               2 KONTO_NR_RECHTS         CHAR(6),
               2 TEXT_SALDO_RECHTS       CHAR(16),
               2 SALDO_RECHTS            PIC '(6) -9V.99 ';
        DCL ZEILE_4_LEER CHAR(117) DEFINED ZEILE_4;
                ZEILE_4_LEER = '  ';
        DCL ENDBEDINGUNG  FIXED(1)  INIT(0);
/*********************************************************/

        OPEN   FILE (LOCHKARTENEINGABE) TITLE ('LOCHABE'),
               FILE (DRUCKERAUSGABE)  TITLE  ('DRUCABE');
        ON ENDFILE (LOCHKARTENEINGABE) ENDBEDINGUNG = 1;
        READ   FILE (LOCHKARTENEINGABE) INTO
                    (EINGABESATZ_1);
HAUPTSCHLEIFE: DO WHILE (ENDBEDINGUNG ¬= 1);
                    READ FILE (LOCHKARTENEINGABE) INTO
                    (EINGABESATZ_2) EVENT (EINGABE_1);
                    CALL DRUCKAUFBEREITUNG_LINKS;
                         WAIT (EINGABE_1);
               DO WHILE (EINGABESATZ_2.KONTO_NR =
                              KONTO_NR_LINKS &
                    ENDBEDINGUNG ¬= 1);
                    SALDO_LINKS = SALDO_LINKS +
                    EINGABESATZ_2.BETRAG;
                    READ FILE (LOCHKARTENEINGABE) INTO
                              (EINGABESATZ_2);
                                 END SCHLEIFE;
```

```
                IF  ENDBEDINGUNG = 1  THEN  GOTO DRUCKEN;
                    READ FILE (LOCHKARTENEINGABE) INTO
                    (EINGABESATZ_1) EVENT (EINGABE_2);
                    CALL DRUCKAUFBEREITUNG_RECHTS;
                         WAIT  (EINGABE_2);
                DO WHILE (EINGABESATZ_1.KONTO_NR =
                          KONTO_NR_RECHTS &
                    ENDBEDINGUNG ¬= 1);
                    SALDO_RECHTS = SALDO_RECHTS +
                    EINGABESATZ_1.BETRAG;
                    READ FILE (LOCHKARTENEINGABE) INTO
                              (EINGABESATZ_1);
                                 END SCHLEIFE;
       DRUCKEN:     CALL DRUCK_PROZESS;
                                 END HAUPTSCHLEIFE;
                    CLOSE FILE (LOCHKARTENEINGABE), FILE
                    (DRUCKERAUSGABE);

/**********************************************************/

DRUCKAUFBEREITUNG_LINKS: PROC;
    NAME_LINKS            = EINGABESATZ_1.NAME;
    ORT_LINKS             = EINGABESATZ_1.ORT;
    STRASSE_LINKS         = EINGABESATZ_1.STRASSE;
    TEXT_KONTO_NR_LINKS   = 'KONTO_NR.';
    KONTO_NR_LINKS        = EINGABESATZ_1.KONTO_NR;
    TEXT_SALDO_LINKS      = '  SALDO = DM ';
    SALDO_LINKS           = EINGABESATZ_1.BETRAG;
    STEUERZEICHEN         = '–';
                          END DRUCKAUFBEREITUNG_LINKS;

/**********************************************************/

DRUCKAUFBEREITUNG_RECHTS : PROC;
    NAME_RECHTS           = EINGABESATZ_2.NAME;
    ORT_RECHTS            = EINGABESATZ_2.ORT;
    STRASSE_RECHTS        = EINGABESATZ_2.STRASSE;
    TEXT_KONTO_NR_RECHTS  = 'KONTO_NR.  ';
    KONTO_NR_RECHTS       = EINGABESATZ_2.KONTO_NR;
    TEXT_SALDO_RECHTS     = '  SALDO = DM ';
    SALDO_RECHTS          = EINGABESATZ_2.BETRAG;
                          END DRUCKAUFBEREITUNG_RECHTS;

/**********************************************************/
```

```
DRUCK_PROZESS :  PROC;
        WRITE  FILE  (DRUCKERAUSGABE) FROM (ZEILE_1)
                                        EVENT  (AUSGABE);
        WRITE  FILE  (DRUCKERAUSGABE) FROM (ZEILE_2);
        WRITE  FILE  (DRUCKERAUSGABE) FROM (ZEILE_3);
        WRITE  FILE  (DRUCKERAUSGABE) FROM (ZEILE_4);
        WAIT (AUSGABE);
    ZEILE_2_LEER, ZEILE_3_LEER, ZEILE_4_LEER =  '  ';
                                          ZEILE_1 =  '  ';
                                  END DRUCK_PROZESS;

/*************************************************/

                                  END BEISP20;
```

In diesem Programm ist es uns gelungen, die wichtigsten Anweisungen in der „HAUPTSCHLEIFE" zusammenzufassen. Sie soll nicht größer sein als eine DIN A 4-Seite, damit man den Programmablauf leicht in der Programmnotation verfolgen kann. In dieser Weise ergibt sich eine viel stärkere Modularisierung, als das bei den bisher in diesem Buch gebrachten Programmen der Fall ist. Die dadurch bedingte Vergrößerung des Programms wird man gern in Kauf nehmen, um eine bessere Lesbarkeit zu erzielen. Weiterhin ist es uns in diesem Programm gelungen, mit einer einzigen IF-Anweisung auszukommen. Die Schleifensteuerung übernehmen ausschließlich DO WHILE-Anweisungen. Die beiden Dateibezeichner „LOCHKARTENEINGABE" und „DRUCKERAUSGABE" sind länger als die maximal von der Syntax zugelassene Länge. Dies kann durch den TITLE-Zusatz in der OPEN-Anweisung ausgeglichen werden, wo dann der Bezeichner verwendet wird, der auch in den Steuerkarten des Betriebssystems aufscheint. Wir hoffen, daß es uns mit diesem Beispiel gelungen ist zu zeigen, daß durch geeignete Notierungsmethoden ein Programm für den Außenstehenden lesbarer wird.

5.4 Strukturelemente der simultanen Programmverarbeitung

Zur Simultanisierung von Programmen sind mindestens zwei Strukturelemente erforderlich, nämlich die *Aufspaltung* und die *Sammlung*. Darüber hinaus stellt die genormte Programmierungsterminologie für den Simultanbetrieb von Datenverarbeitungssystemen ein drittes Konstruktionselement zur Verfügung, nämlich den *Synchronisationsschnitt* [9, S. 9]. Die *Aufspaltung* ist das Analogon zur Verzweigung der seriellen Betriebsart und wird definiert als „eine Stelle im Programmablaufplan, von der aus im Programmablauf mehrere Zweige parallel verfolgt werden können" [9, S. 8]. Um der begrifflichen Klarheit willen sollte streng zwischen der Aufspaltung und der Verzweigung unterschieden werden, obwohl in der englischsprachigen Literatur dieses Strukturelement „Fork" heißt [1, S.786], was manchmal dazu verleitet, diesen Begriff mit Verzweigung zu übersetzen. Da die Syntax von PL/1 als Simultanisierungsniveau in der Regel die Prozedurebene vorsieht, kann nur ein Prozeduraufruf die Aufspaltung realisieren, von uns „callanweisungsi" genannt. Selbstverständlich kann ein solcher Prozeduraufruf wieder an eine Bedingung geknüpft sein. Das Normblatt DIN 44300 definiert als *Sammlung* „eine Stelle im Programmablaufplan, an der im Programmablauf alle in den zusammenlaufenden Zweigen parallel ablaufenden Tätigkeiten zu Ende gebracht sein müssen, ehe der weiterführende Zweig verfolgt wird" [9, S. 9]. In der englischsprachigen Fachliteratur heißt dieser Programmbaustein auch „Join" [1, S. 786]. Wie beim analogen Programmbaustein der seriellen Betriebsart, der Zusammenführung, wird diese Funktion in PL/1 in der Regel implizit ohne eine spezielle Anweisung realisiert, indem die an eine Haupttask angeschlossene Subtask ihre END-Anweisung erreicht und damit die Haupttask zum weiterführenden Zweig wird. Das dritte Strukturelement, der *Synchronisationsschnitt,* ist bestimmt als „eine Stelle im Programmablaufplan, an der unabhängige Wege im Programmablauf zeitlich aufeinander abgestimmt werden" [9, S. 9]. PL/1 realisiert diesen Programmbaustein durch die WAIT-Anweisung zusammen mit Ereignisvariablen. Wenn wir wie im Kapitel 5.1 eine graphentheoretische Darstellung heranziehen, dann läßt sich die Funktion dieses Strukturelementes wie folgt deuten:

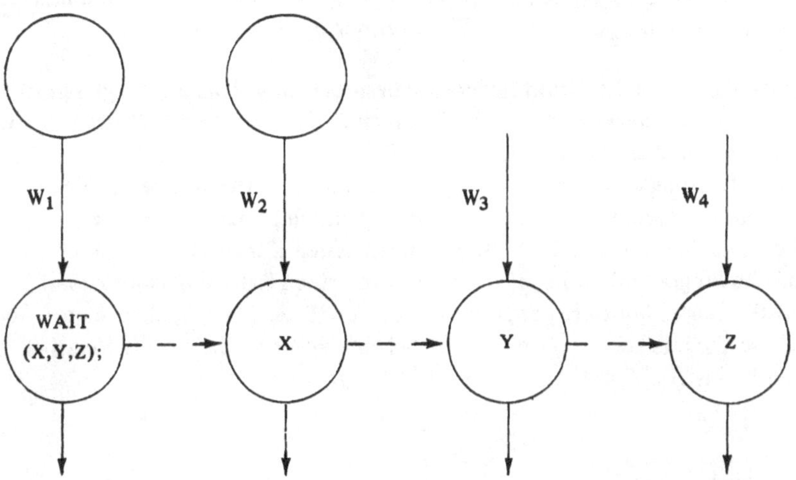

Die Knoten X, Y und Z verkörpern jetzt nicht nur Anweisungen, sondern auch Ereignisse. So könnte beispielsweise der Knoten X die Anweisung repräsentieren:

```
COMPLETION (X) = '1'B;
```

Wenn der Knoten Y das Ende einer Subtask ist, notiert durch die END- oder die RETURN-Anweisung, und der Knoten Z eine Anweisung aus der Untermenge der Anweisungen des satzweisen Datenverkehrs und der Dateiverarbeitung, dann haben wir in dieser schematischen Darstellung alle Möglichkeiten zusammengefaßt, die PL/1 mit der WAIT-Anweisung abdeckt. Die gestrichelte Verbindung der vier Knoten WAIT, X, Y und Z deutet den Vorgang der Synchronisation der vier Wege W_1, W_2, W_3 und W_4 an. Wir übernehmen dieses Symbol aus der Netzplantechnik, die für die zeitliche Planung von Projekten entwickelt wurde [11, S. 342]. Im Gegensatz zum genormten Symbol des Synchronisationsschnitts* [10, S. 6], zeigt diese Darstellungsform auf, welche Stelle im Programmablaufplan aktiv die Synchronisation betreibt, d.h. wo die WAIT-Anweisung notiert ist. Wenn der Programmierer weiß, welchen Zeitaufwand unabhängige, parallel ablaufende Wege in einem Programm erfordern, dann kann er die Funktion des Synchronisationsschnittes auch mit der DELAY-Anweisung programmieren.

Anderson nennt zwei weitere Anweisungen, die mit der Simultanverarbeitung inhärent verbunden sind, nämlich das „Obtain Statement" und das „Release Statement" [1, S. 786]. Die Obtain-Anweisung soll den exklusiven Zugriff eines Programmsegmentes zu bestimmten Variablen sicherstellen. Sie entspricht damit der Lock-Funktion in PL/1, die durch das Dateiattribut EXCLUSIVE erreicht wird, während die Release-Anweisung das Analogon zur Unlock-Anweisung darstellt. Schließlich gibt Anderson noch eine fünfte Anweisung für die simultane Programmverarbeitung an, nämlich die Terminate-Anweisung. Sie deaktiviert am Ende eines Programms explizit alle parallelen Wege, die noch aktiv sind, und hat damit dieselbe Funktion wie die END-Anweisung der MAIN-Prozedur.

Wir haben damit alle die Strukturelemente besprochen, welche die Programmierungsmethodologie gegenwärtig für das Programmieren simultaner Prozesse fordert. Es drängt sich an dieser Stelle natürlich die Frage auf, ob es für die simultane Programmverarbeitung einen Spezialzweig der Technik des strukturierten Programmierens gibt. Da simultane Prozesse in sich sequentiell notiert werden, gelten natürlich auch hier die im Abschnitt 5.2 entwickelten Konstruktionsregeln. Zusätzliche Programmierprinzipien werden von Brinch Hansen in einer Arbeit über strukturiertes Multiprogramming angedeutet [5, S. 574 ff.], ohne allerdings diese Technik schon so weit zu entwickeln, wie es für die serielle Verarbeitung der Fall ist.

* 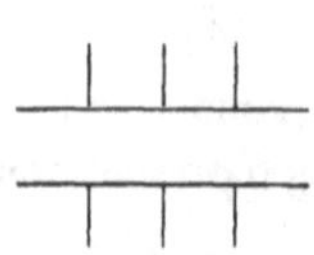

beispielsweise drei ankommende und drei abgehende Wege

Übungsaufgabe

5.1 Es ist eine Magnetbanddateiverarbeitung strukturiert zu programmieren (s. BEISP20, [24, S. 187 ff.]). Die Stammdaten stehen auf Magnetbändern, die Bewegungsdaten werden mit Lochkarten in die Datenverarbeitungsanlage eingegeben. Die Lochkartensätze sind wie folgt strukturiert:

Lochkartenspalte	Inhalt
1 – 6	Kontonummer
7 – 10	Belegnummer
11 – 16	Datum (in der Form: 750530)
17 – 23	Betrag (zwei Dezimalstellen)
24 – 79	leer
80	Kartenart (hier 1)

Die Magnetbandsätze sind in folgender Weise aufgebaut:

Anzahl der Stellen auf Magnetband	Inhalt
1	Satzart (hier 1)
6	Kontonummer
6	Datum (wie bei Lochkarteneingabe mit dem Datum der letzten Buchung)
9	Saldo (neun Stellen, davon zwei Dezimalstellen)

Die neuen Stammsätze sind wieder auf Magnetband auszugeben. Außerdem ist eine Liste zu drucken mit folgendem Aufbau je Kontonummer:

Kontonummer
Belegnummer
Datum
Soll
Haben
alter bzw. neuer Saldo

Als Dateinamen werden vergeben:

Lochkarteneingabe:	LEINGAB
Magnetbandeingabe:	MEINGAB
Magnetbandausgabe:	MAUSGAB
Druckerausgabe:	LISTE.

6. Schlußbemerkungen

Wir haben versucht, die problemorientierte Programmiersprache PL/1 in ihrer ganzen Breite und Komplexität darzustellen. Es kann sein, daß der Leser jetzt verwirrt ist von den vielen Regeln und Einzelheiten, die das Gebäude der PL/1-Syntax konstituieren. Er darf dabei aber nicht übersehen, daß, wie wir meinen, nicht rein zufällig die Notation, in der Programmierer Computerprogramme abfassen, den Namen „Sprache" trägt. Wie der Wortschatz einer natürlichen Sprache Ausdruck des geistigen Niveaus und des sprachlichen Reichtums einer Kommunikationsgemeinschaft ist, so schlägt sich in der Syntax einer höheren Programmiersprache letztlich der Wissensstand nieder, den die Disziplin Informatik erreicht hat. Es ist also eine ganz natürliche Entwicklung, wenn die Komplexität von Programmiersprachen zunimmt. Wie die natürliche Sprache lebt und sich mit den Menschen, die Sprache sprechen, verändert, so sind auch Programmiersprachen dem Wandel unterworfen. Wer aber einmal die Grundideen, die algorithmischen Programmiersprachen zugrunde liegen, erfaßt hat, wird sich leicht in neue Sprachen einarbeiten. Wir hoffen, mit unserer zweibändigen Darstellung der höheren Programmiersprache PL/1 dazu einen Beitrag geleistet zu haben.

Diese Analogiebetrachtung zwischen natürlicher Sprache und Computersprache wollen wir abschließen, indem wir darauf hinweisen, daß Sprache als nicht angeborene Funktion des Menschen nur durch den Gebrauch in einer Kommunikationsgemeinschaft erlernt wird. Es muß deshalb noch einmal, wie schon in der Einführung, besonders auf die Bedeutung von Programmierpraktika hingewiesen werden. Die in diesem Buch gebrachten Aufgaben können und sollen solche Veranstaltungen nicht ersetzen.

Ich hoffe, daß dieses Lehrbuch einen Lernprozeß durchlaufen wird. Für Verbesserungsvorschläge und Anregungen bin ich deshalb jederzeit dankbar.

Anhang

A1 Eingefügte Multitasking-Funktionen [16, S. 67]

Die Funktion COMPLETION

Definition: COMPLETION gibt den Wert einer Ereignisvariablen „x" an. Diese Funktion kann auch als Pseudovariable verwendet werden.

Aufruf: COMPLETION(x)

Argument: Das Argument „x" kann ein Ereigniselement oder ein Ereignisbereich sein. Es stellt die Menge der Ereignisse dar, deren Beendigungswert bestimmt werden soll. Ein Ereignis kann einer Task oder einer E/A-Operation zugeordnet sein. Der Benutzer darf es auch mit Hilfe des Attributes „EVENT" definieren. Es kann aktiv oder inaktiv sein. Ein Bereichsargument bewirkt die Rückgabe eines Bereichswertes.

Ergebnis: Der von dieser Funktion zurückgegebene Wert ist '0'B, wenn das Ereignis nicht beendet ist und '1'B, wenn das Ereignis beendet ist.

Die Funktion PRIORITY

Definition: PRIORITY bestimmt die relative Priorität einer Task „x". PRIORITY kann auch als Pseudovariable verwendet werden.

Aufruf: PRIORITY(x)

Argument: Das Argument „x" stellt den Namen der Task dar, deren relative Priorität bestimmt werden soll.

Ergebnis: Der von dieser Funktion zurückgegebene Wert ist eine duale Festpunktzahl mit der Genauigkeit (n,0). Beim F-Kompilierer hat n den Wert 15. Der Wert von „x" ist die Priorität der durch den Tasknamen spezifizierten Task und zwar relativ zur Priorität derjenigen Task, die diese Funktion aufruft. Bei der Ausführung dieser Funktion kann keine Unterbrechung auftreten.

Wird diese Funktion als Pseudovariable verwendet, dann darf der Programmierer das Argument „x" auch auslassen. In diesem Fall wird die Priorität der gerade sich in der Ausführung befindenden Task verändert.

Die Funktion STATUS

Definition: STATUS bestimmt den Statuswert einer Ereignisvariablen „x". Diese Funktion kann auch als Pseudovariable verwendet werden.

Aufruf: STATUS(x)

Argument: Das Argument „x" kann der Bezeichner eines Ereigniselements oder eines Ereignisbereichs sein. Es stellt das Ereignis (oder die Ereignisse) dar, dessen Statuswert bestimmt werden soll. Dieses Ereignis kann der Beendigung einer Task oder der Beendigung einer E/A-Operation zugeordnet werden, oder es kann auch vom Benutzer definiert worden sein. Es kann aktiv oder inaktiv sein. Ein Ereignisbereich bewirkt die Rückgabe eines Bereichswertes.

Ergebnis: Der von dieser Funktion zurückgegebene Wert ist eine duale Festpunktzahl der Standardgenauigkeit (15,0). Dieser Wert ist Null, wenn das Ereignis den Status „normal" hat, oder ist ungleich Null, wenn der Status „abnormal" ist. Der Nicht-Null-Wert wird auf 1 gesetzt, wenn die Task oder die E/A-Operation, mit der die Ereignisvariable durch den EVENT-Zusatz verknüpft war, beendet ist. Wenn der Nicht-Null-Wert vom Benutzer definiert wurde, dann kann er in diesem Fall irgendeinen selbstgewählten Wert annehmen.

A2 Funktionen für die Listenbearbeitung [16, S. 66 f.]

Diese Funktionen geben im allgemeinen spezielle Werte zur Programmsteuerung zurück, die sich auf die Verwendung von basisbezogenen Variablen und die Listenbearbeitung beziehen. Als einzige dieser Funktionen erfordert ADDR ein Argument.

Die Funktion ADDR

Definition: ADDR findet die Speicherstelle, der eine Variable „x" zugeordnet ist, und gibt sie als Zeigerwert zum Aufrufpunkt zurück.

Aufruf: ADDR(x)

Argument: Das Argument kann folgenden Datenklassen angehören: Element-, Bereichs-, Struktur- oder Gebietsvariable, Unterstrukturen und Strukturelementvariable. Die Variable sollte keine Bitkette sein, die Teil einer nicht ausgerichteten Struktur oder eines nicht ausgerichteten Bereiches ist.

Ergebnis: ADDR gibt einen Zeigerwert zurück, der die Speicherstelle identifiziert, der „x" zugeordnet wurde. Wenn „x" ein Parameter ist, dann identifiziert der zurückgegebene Wert das entsprechende Argument (Schein- oder anderes Argument). Wenn „x" basisbezogene Variable ist, dann wird der zurückgegebene Wert aus dem mit „x" vereinbarten Zeigerwert bestimmt; wenn diese Zeigervariable nicht gesetzt wurde, dann ist der von ADDR zurückgegebene Wert undefiniert. Wenn „x" eine nicht zugeordnete, kontrollierte Variable ist, dann wird ein Zeigerwert Null zurückgegeben.

Die Funktion EMPTY

Definition: EMPTY leert ein Gebiet, das durch eine Gebietsvariable definiert wurde, indem es alle in diesem Gebiet enthaltenen Speicherplatzzuordnungen freigibt. Das Gebiet kann anschließend für neue Datenzuordnungen verwendet werden.

Aufruf: EMPTY*

Argument: keines

Ergebnis: EMPTY gibt ein Gebiet der Größe Null, das keine Speicherplatzzuordnungen enthält, zum Aufrufpunkt zurück. Wenn dieser Wert einer Gebietsvariablen zugewiesen wird, dann werden alle in diesem Gebiet enthaltenen Speicherplatzzuordnungen freigegeben.

Beachte: Der Wert der eingefügten Funktion EMPTY wird automatisch allen Gebietsvariablen zugewiesen, wenn ihnen Speicherplatz zugeordnet wird.

Die Funktion NULL

Definition: NULL gibt einen Zeigerwert Null zurück, d.h. einen Zeigerwert, der keine Speicherstelle identifizieren kann, um anzuzeigen, daß gegenwärtig eine Zeigervariable keine Speicherstelle identifiziert.

Aufruf: NULL*

Argument: keines

Ergebnis: Der von dieser Funktion zurückgegebene Wert ist der Zeigerwert Null. Dieser Wert kann nicht in den Typ relativer Zeiger umgewandelt werden.

Die Funktion NULLO

Definition: NULLO gibt einen relativen Zeigerwert Null zurück, d.h. einen Zeigerwert, der keine relative Stellung einer Zuordnung einer basisbezogenen Variablen identifizieren kann. Er zeigt damit an, daß die relative Zeigervariable gegenwärtig keine Speicherplatzzuordnung identifiziert.

Aufruf: NULLO**

Argument: keines

Ergebnis: Von dieser Funktion wird ein relativer Zeiger mit dem Wert Null an die aufrufende Stelle im Programm zurückgegeben. Er kann nicht in einen „absoluten" Zeiger konvertiert werden.

* Im Checkout-Compiler sind Funktionen ohne Argumente entweder als BUILTIN zu vereinbaren oder man muß eine Nullargumentliste notieren, nämlich „( )".

** nicht im Checkout-Compiler; dort ist für diesen Zweck auch die Funktion NULL zu verwenden.

A3 Sonstige eingefügte Funktionen [16, S. 68 f.]

Die Funktion ALLOCATION

Definition: ALLOCATION gibt an, ob einer kontrollierten Variablen „x" Speicherplatz zugeordnet wurde.

Aufruf: ALLOCATION (x)

Argument: „x" muß das Attribut CONTROLLED haben und darf nur ein nichtindizierter Bereichsname, eine Hauptstruktur oder eine Elementvariable sein.

Ergebnis: Der von dieser Funktion zurückgegebene Wert ist Eins, wenn für „x" Speicherplatz zugeordnet wurde. Andernfalls wird der Wert Null zurückgegeben (binäre Festpunktzahl mit Standardgenauigkeit).

Die Funktion DATE

Definition: DATE gibt das gegenwärtige Datum zurück.

Aufruf: DATE

Argument: keines

Ergebnis: Es wird eine Zeichenkette, bestehend aus sechs Zeichen, zurückgegeben mit der Struktur yymmdd, wobei gilt:

yy das gegenwärtige Jahr
mm der gegenwärtige Monat
dd der gegenwärtige Tag.

Die Funktion TIME

Definition: TIME gibt die gegenwärtige Tageszeit an die aufrufende Stelle im Programm zurück.

Aufruf: TIME

Argument: keines

Ergebnis: Es wird eine Zeichenkette, bestehend aus neun Zeichen, zurückgegeben mit der Struktur hhmmssttt, wobei gilt:

hh die laufende Stunde des Tages
mm die Anzahl der Minuten
ss die Anzahl der Sekunden
ttt die Anzahl der Millisekunden, wobei maschinenabhängige Zuschläge auftreten.

Lösungen der Übungsaufgaben

Abschnitt 1

1.1	<vereinbarung>	::=	DECLARE <declaration>;
	<declaration>	::=	(<declaration a>, <declaration b>)
			<dimensionsattribut>
	<dimensionsattribut>	::=	(<untere grenze> : <obere grenze>)
	<untere grenze>	::=	<elementausdruck>
	<elementausdruck>	::=	2
	<obere grenze>	::=	<elementausdruck>
	<elementausdruck>	::=	5
	<declaration b>	::=	<bezeichner>
	<bezeichner>	::=	F
	<declaration a>	::=	(<declaration aa> ,<declaration ab>)
			<attribut>
	<attribut>	::=	<datenattribut>
	<datenattribut>	::=	UNALIGNED
	<declaration ab>	::=	<bezeichner> <attribut>
	<bezeichner>	::=	E
	<attribut>	::=	<initial>
	<initial>	::=	INITIAL ((<wiederholungsfaktor>)
			<elementausdruck>)
	<wiederholungsfaktor>	::=	<ganze dezimale zahl>
	<ganze dezimale zahl>	::=	4
	<elementausdruck>	::=	987.65
	<declaration aa>	::=	(<declaration aaa>,<declaration aab>)
			<attribut a> <attribut b>
	<attribut a>	::=	<datenattribut>
	<datenattribut>	::=	FIXED <genauigkeit>
	<genauigkeit>	::=	(<ziffernanzahl>,<skalenfaktor>)
	<ziffernanzahl>	::=	15
	<skalenfaktor>	::=	5
	<attribut b>	::=	CONTROLLED

<declaration aaa>	::=	<bezeichner> <attribut>
<bezeichner>	::=	D
<attribut>	::=	<datenattribut>
<datenattribut>	::=	BINARY
<declaration aab>	::=	<bezeichner> <attribut>
<bezeichner>	::=	C
<attribut>	::=	<datenattribut>
<datenattribut>	::=	DECIMAL

1.2

<vereinbarung>	::=	DECLARE <declaration>;
<declaration>	::=	(<declaration>) <dimensionsattribut>
<declaration>	::=	<bezeichner> <attribut a> <attribut b>
<bezeichner>	::=	A
<attribut a>	::=	<datenattribut>
<datenattribut>	::=	DECIMAL
<attribut b>	::=	<datenattribut>
<datenattribut>	::=	FIXED <genauigkeit>
<genauigkeit>	::=	(<ziffernanzahl>,<skalenfaktor>)
<ziffernanzahl>	::=	5
<skalenfaktor>	::=	3

Diese Auflösung zeigt, daß der syntaktische Ausdruck vor dem Dimensionsattribut geklammert werden muß. Da dies für die Variable A nicht durchgeführt wurde, ist die erste Vereinbarung nicht zulässig, wohl aber die zweite.

1.3 ALLOCAT_1:

1. Vor der ersten PUT-Anweisung muß eine ALLOCATE-Anweisung notiert werden, damit das Programm den kontrollierten Variablen A und B Speicherplatz zuweisen kann. Es ist also die erste ALLOCATE-Anweisung mit der ersten PUT-Anweisung zu vertauschen. Sie würde dann die Ausgangswerte der beiden Variablen A und B ausdrucken, d.h. ABRAHAM und BERTA.
2. Die zweite PUT-Anweisung gibt den Text aus:

```
ABRAHAM   BERTA
FRITZ
ANNA
```

3. Die FREE-Anweisung gibt den Speicherplatz der kontrollierten Variablen A und B frei, so daß die dritte PUT-Anweisung keine Daten vorfindet. Offenbar war der Programmierer der Meinung, die alten Werte „ABRAHAM" und „BERTA" gestapelt zu haben, um sie mit der dritten PUT-Anweisung vom Programm ausgeben zu lassen. Dazu hätte er aber nach der Verkettung eine weitere ALLOCATE-Anweisung notieren müssen. Da die Werte ABRAHAM und BERTA aber als Anfangswerte definiert wurden, hat eine ALLOCATE-Anweisung für die Variablen A und B nach der FREE-Anweisung dieselbe Wirkung und druckt deshalb ABRAHAM und BERTA aus.

ALLOCAT_2:

1. Die erste PUT-Anweisung gibt zweimal die Zeichenkette „FELIX" aus.
2. PUT-Anweisung: ADOLF PAULA
3. PUT-Anweisung: ABRAHAM BERTA
4. PUT-Anweisung: Da die letzte PUT-Anweisung bereits die oberste Schicht des in der Hauptprozedur gespeicherten Datenstapels ausgegeben hat, kann diese Anweisung nicht mehr ausgeführt werden, so daß an dieser Stelle das Programm mit einer Fehlermeldung unterbricht.

1.4 Nein; denn nach der fomalen Definition A 1 (Kapitel 1.5) sind nur die Attribute BIT, CHAR und INIT in der Attributliste einer ALLOCATE-Anweisung zugelassen. Der Programmierer muß also die Attribute STATIC, EXTERNAL, ALIGNED und VARYING entfernen, bevor diese Anweisung ausgeführt werden kann.

1.5 Ja; die Laufvariable der DO-Anweisung ist „I". Die formale Sprachsyntax verbietet nicht, in den Elementausdrücken der „<spezifikation>" dieselbe Variable zu benutzen. Weiterhin ist auch die Folge der Sprachelemente „TO BY" beliebig. Allerdings wird in dieser Anweisung die zweite Spezifikation nicht ausgeführt; denn der Endwert der ersten Spezifikation ist „20". Setzt man diesen Wert in den Anfangswert der zweiten Spezifikation ein (I * 15), dann wird bereits der Endwert dieser Spezifikation überschritten.

1.6 Ja; denn die Spezifikation entspricht der formalen Notationsvariante:

<spezifikation> ::= <elementausdruck> BY
<elementausdruck>

Diese Schleife könnte dadurch beendet werden, daß der Programmierer das Bedingungspräfix „SIZE" notiert*.

* im Checkout-Compiler immer wirksam!

1.7 Ja; denn das Parameterattribut im ENTRY-Attribut darf eine Datenattributliste sein. Der zweite Parameter der Prozedur UPRO1 ist im Prozeduraufruf nicht zu konvertieren, was durch ein Komma allein im ENTRY-Attribut angegeben wird. Allerdings darf der Programmierer auch zusätzlich Zwischenraumzeichen zwischen den beiden Kommata benutzen.

1.8 Die Variable I hat die Attribute BIN FLOAT(21) und N, da auf sie die Wertangabe durch „VALUE" nicht zutrifft, die impliziten Standardattribute BIN FIXED(15). Dasselbe gilt für „E", so daß auch diese Variable mit den Standardattributen, d.h. DEC FLOAT(6), ausgegeben wird. Die Prozedur PUT gibt die Variable K als Bitkette der Länge drei aus.

1.9 Für die Bezeichner A:F fehlen in der VALUE-Angabe die runden Klammern. Die Notation „AREA(5000)", in der die Zahlenangabe eine Gebietsgröße darstellt, ist in der RANGE-Definition nicht zugelassen. Die Vereinbarung der Bezeichner G:M als Anfangsbuchstaben von Bitkettenvariablen ist unvollständig. Es fehlt vor dem Schlüsselwort VALUE die Angabe „BIT". Die DESCRIPTORS-Definition ist ebenfalls unvollständig; denn in der Valuespezifikation wurde die Angabe der Zahlenbasis vergessen.

Abschnitt 2

2.1

Ausgangsobjekt	*Zielobjekt*
DEC FIXED (15,–3)	BIN FLOAT (50)
DEC FIXED (9,11)	BIN FIXED (31,37)
BIT (31)	DEC FIXED (10,0)*
DEC FLOAT (3)	BIN FLOAT (10)
DEC FIXED (14,9)	DEC FLOAT (14)
DEC FIXED (9,3)	BIN FIXED (31,10)
DEC FIXED (9,3)	BIN FLOAT (30)
DEC FLOAT (8)	DEC FIXED (8,–64)
BIN FLOAT (15)	DEC FLOAT (5)
BIN FLOAT (15)	DEC FIXED (5,–10)
BIN FIXED (12,6)	DEC FLOAT (4)
BIT (50)	BIN FLOAT (50)

2.2
```
ERGEBNIS    9.868E+1
ERGEBNIS    2.88E+01
ERGEBNIS      28.8
```

Begründung: Die dezimale Gleitpunktvariable G, die der Programmierer mit p = 4 vereinbart hat, wird in eine Zeichenkette der Länge p + 6 = 10**

* s. auch Tab. 3-2 c [24, S. 102]
** s. Tab. 3-2 b [24, S. 101]

umgesetzt. Die Zeichenkettenvariable L wurde in der Länge von zehn Zeichen definiert, so daß das Ergebnis der Verkettung von L mit G 20 Zeichen lang ist. Da aber der Programmierer M nur in der Ausdehnung von 19 Zeichen definiert hat, geht in der ersten Ausgabeanweisung rechts eine Stelle verloren, nämlich die Ziffer Null des Exponenten „E+10". Vor der Ausführung der zweiten Ausgabeanweisung wird die duale Gleitpunktvariable H zunächst in eine dezimale Gleitpunktzahl der Länge p'' = p/3.32 konvertiert*, so daß p'' den Wert Drei erhält. Anschließend wird diese dezimale Gleitpunktzahl in eine Zeichenkette der Länge p'' + 6 = 9 konvertiert. In diesem Fall ist M in der Länge vereinbart worden, die notwendig ist, um rechts keine Stellen zu verlieren. Bevor das Programm die dritte Ausgabeanweisung ausführt, muß zunächst die duale Festpunktkonstante K in eine dezimale Konstante mit den Attributen DEC FIXED (4,1) überführt werden. Dabei ist zu beachten, daß sie intern in der Länge drei Bytes (s. Abb. 2-1) und damit wie eine Festpunktzahl mit den Attributen (5,1) gespeichert wird. Diese Speicherausdehnung ist der Konvertierung in eine Zeichenkette zugrunde zu legen, so daß die Variable K vor der Verkettung in eine Zeichenkette der Länge acht Stellen überführt wird. Für den ganzzahligen Teil der dezimalen Festpunktkonstanten stehen sechs Stellen zur Verfügung, so daß vor den beiden signifikanten Ziffern in der Variablen K vier Zwischenraumzeichen aufscheinen.

2.3 B='000001'B

Begründung: Arithmetische Daten werden in Bitketten konvertiert, indem als Zwischenergebnis eine *ganze* Dualzahl entsteht, die anschließend in eine Bitkette umgesetzt wird [24, S. 100 u. 101]. Obwohl die Variable A eine Gleitpunktzahl ist, geht also bei dieser Konvertierung der gebrochene Anteil „.23" verloren.

2.4
```
UEB2_4: PROC OPTIONS (MAIN);
        DCL DEZIMALZAHL FIXED(4,1),
            DUALZAHL  BIN  FIXED(17,10),
            GANZZAHLIGER_ANTEIL_DUALZAHL BIT(7),
            GEBROCHENER_ANTEIL_DUALZAHL
            BIN  FIXED(10,10),
            BITKETTE BIT(10);
        DO  DEZIMALZAHL = 1 TO 100 BY 0.3;
                DUALZAHL= DEZIMALZAHL;
```

* s. Tab. 3-2 b [24, S. 101]

```
GANZZAHLIGER_ANTEIL_DUALZAHL = DUALZAHL;
 GEBROCHENER_ANTEIL_DUALZAHL = DUALZAHL -
GANZZAHLIGER_ANTEIL_DUALZAHL;
                    BITKETTE = GEBROCHENER_
            ANTEIL_DUALZAHL * 2 ** 10;
            PUT SKIP EDIT (DEZIMALZAHL, '=',
GANZZAHLIGER_ANTEIL_DUALZAHL, '.',BITKETTE)
(X(20),F(5,1),A(3),B,A,B);
                  END;
                  END UEB2_4;
```

2.5
```
UEB2_5: PROC OPTIONS (MAIN);
        DCL (ZEIT_1, ZEIT_2) CHAR(9),
            ZEIT_DIFFERENZ DEC FIXED(9),
            ZEIT_DIFFERENZ_1 CHAR(12);
                  ZEIT_1 = TIME;
                   DO I  = 1 TO 1000;
                           END;
                  ZEIT_2 = TIME;
          ZEIT_DIFFERENZ = ZEIT_2 - ZEIT_1;
        ZEIT_DIFFERENZ_1 = ZEIT_DIFFERENZ;
PUT LIST ('ZEITDIFFERENZ = ', ZEIT_DIFFERENZ_1);
                             END UEB2_5;
```

2.6 Die erste PUT-Anweisung gibt die Zeichenkette 'ZZZZZZZZZZ' aus. Mit der zweiten PUT-Anweisung werden die Werte 'C' und 'E' ausgedruckt.

2.7 Die PUT-Anweisung gibt folgende Werte aus:

9.00000E+00   6.00000E+00

Abschnitt 3

3.1
```
UEB3_1: PROC OPTIONS (MAIN);
/* MODIFIZIERTES PROGRAMM BEISP6 */
        DCL A DEC FIXED(5),
            ANZ RETURNS (DEC FIXED(5)),
            1 SATZ BASED(ZEIGER_1),
              2 WORT CHAR(10),
              2 ZEIGER_2 POINTER,
            AWORT(5) CHAR(10) INIT ('ADAM', 'EVA',
            'LOTAR', 'BERTA', 'IDA'), BWORT CHAR(10),
            (HEAD,P) POINTER;
```

```
              ALLOCATE SATZ;
                  P,HEAD = ZEIGER_1;
                    WORT = AWORT(1);
                    DO I  = 2  TO 5;
              ALLOCATE SATZ;
                    WORT = AWORT(I);
      P -> ZEIGER_2,  P = ZEIGER_1;
                         END;
      P -> ZEIGER_2 = NULL;
                       A = ANZ(HEAD);
                    PUT LIST('ANZAHL LISTATOME=' ,A);
                         END UEB3_1;
ANZ:   PROC (KOPF)  RETURNS(DEC FIXED(5));
       DCL  (P,KOPF) POINTER,
              A  DEC FIXED(5) INIT(0),
              1  SATZ BASED(Z_1),
                2  WORT   CHAR(10),
                2  Z_2 POINTER;
                   P = KOPF;
                   DO  WHILE(P ¬= NULL);
                   A = A + 1;
                   P = P -> Z_2;
                       END;
                   RETURN(A);
                       END ANZ;
```

3.2

```
UEB3_2:  PROC  OPTIONS(MAIN);
         DCL 1  SATZ  BASED(Z_1),
                2  WORT   CHAR(10),
                2  Z_2 POINTER,
              AWORT(5) CHAR(10)  INIT  ('ADAM', 'EVA',
     'LOTAR','BERTA', 'IDA'), BWORT  CHAR(10),(HEAD,P)
              POINTER,
              I  DEC  FIXED(3);
              ALLOCATE  SATZ;
                 P,HEAD  =  Z_1;
                   WORT  =  AWORT(1);
                   DO  I  =  1  TO 5;
              ALLOCATE SATZ;
                   WORT  =  AWORT(I);
         P -> Z_2, P   =  Z_1;
                       END;
```

```
                    P -> Z_2    = NULL;
                       BWORT    = ANNA;
                           I    = 3;
                  CALL  EIN(BWORT,I,HEAD);
                           P    = HEAD; /* LESEN MODIFIZ. LISTE*/
                  DO  WHILE(P ¬= NULL);
                         BWORT = P -> WORT;
                  PUT  DATA(BWORT);
                           P    = P -> Z_2;
                             END;
                             END  UEB3_2;

EIN:     PROC  (DATEN,I,HEAD);
         DCL  DATEN  CHAR(10),
               1  ESATZ  BASED(Z_1),
                  2  EWORT  CHAR(10).
                  2  Z_2  POINTER,
               I  DEC  FIXED(3), (Q,P,HEAD)  POINTER;
               Z_1,P  =  HEAD;
                DO K  =  1  TO  I-1;
                    Q  =  P;
                    P  =  P->Z_2;
                     END;
           ALLOCATE  ESATZ;
           EWORT = DATEN;
         Q -> Z_2 = Z_1;
              Z_2 = P;
                  END EIN;

3.3   UEB3_3:  PROC  OPTIONS(MAIN);
               DCL 1  SATZ  BASED(ZEIGER_1),
                      2  WORT  CHAR(10),
                      2  (VZ,SZ)   POINTER,
     /* VZ: VERKETTUNGSZEIGER, SZ:  SORTIERZEIGER */
                      (KOPF_1,/*  ERSTES LISTATOM FUER
                      SUCHPROZESS */
                      KOPF,/*  KOPF  GESPEICHERTE  LISTE */
                      HEAD(5),/* ZEIGER  SORTIERFOLGE */
                      P,Q,Q_1  /* HILFSZEIGER FUER
                      SUCHPROZESS */)
                      POINTER,
                  AWORT(5)  CHAR(10) INIT('ADAM','EVA','LOTAR',
                  'BERTA','IDA'),BWORT  CHAR(10);
```

```
ALLOCATE SATZ;
KOPF_1,P,KOPF = ZEIGER_1;
        WORT = AWORT(1);
        DO I = 2 TO 5;
ALLOCATE SATZ;
        WORT = AWORT(I);
        P -> SZ,P -> VZ,P = ZEIGER_1;
           END;
        P -> SZ,P -> VZ = NULL;
/* SORTIEREN DURCH SUCHEN DES NIEDRIGSTEN
ORDNUNGSMERKMALES, DES ZWEITNIEDRIGSTEN
ORDNUNGSMERKMALES USW */
          DO I = 1 TO 4;
        Q_1, P = KOPF_1;
            Q = P -> SZ;
        DO WHILE(Q ¬= NULL);
        IF  Q -> WORT > P -> WORT
                  THEN;
                  ELSE P = Q_1 -> SZ;
/* P UEBERNIMMT ZEIGER AUF ABSTEIGENDES DATUM */
          Q_1 = Q;
            Q = Q -> SZ;
             END;
        HEAD(I) = P;
          IF P = KOPF_1 THEN KOPF_1 = P -> SZ;
                        ELSE DO;
            Q = KOPF_1;
          DO WHILE(P ¬= Q -> SZ);
            Q = Q -> SZ;
             END;
        Q -> SZ = P -> SZ;
/* UEBERBRUECKEN AUSSORTIERTES LISTATOM */
             END;
             END;
        HEAD(5) = KOPF_1;
        /* UEBERNEHMEN SORTIERFOLGE */
          DO I = 1 TO 4;
             P = HEAD(I);
        P -> SZ = HEAD(I + 1);
             END;
             P = HEAD(5);
        P -> SZ = NULL;
```

```
/* LESEN SORTIERTE LISTE */
PUT SKIP(3);
PUT LIST ('SORTIERFOLGE');
     P = HEAD(1);
  DO WHILE(P ¬= NULL);
 BWORT = P -> WORT;
PUT SKIP LIST(BWORT);
     P = P -> SZ;
      END;
      END UEB3_3;
```

Zur Erläuterung dieser Lösung dient noch die folgende Liste. Sie zeigt den Fall, daß in der Sortierfolge die beiden niedrigsten Ordnungsmerkmale (ADAM und BERTA) gefunden wurden und der Sortierprozeß gerade seine dritte Phase durchläuft.

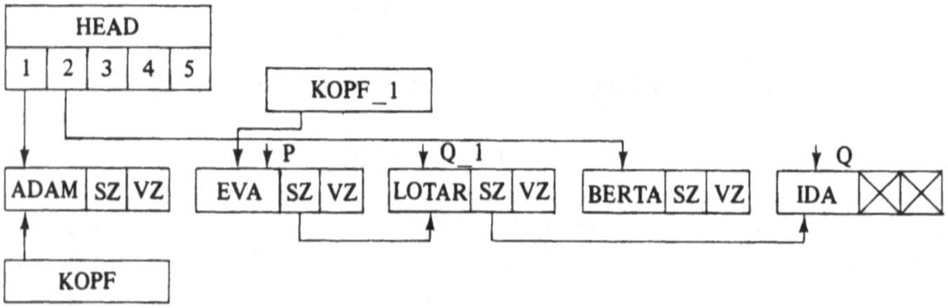


```
3.4  COPY:  PROC (ZEIGER,Q)  RECURSIVE;
     /* ZEIGER KOPF ZU KOPIERENDE LISTE, Q HAT ANFANGSWERT
                                                   NULL*/
          DCL  (P,Q,R,ZEIGER) POINTER,
                 1  SATZ  BASED(ZEIGER_1),
                    2  WORT  CHAR(10),
                    2  ZEIGER_2 POINTER,
                 1  SATZ_1  BASED(ZEIGER_11),
                    2  WORT  CHAR(10),
                    2  ZEIGER_21  POINTER;
                          P = ZEIGER;
                       IF P = NULL THEN RETURN;
                 ALLOCATE SATZ_1;
```

```
                R = ZEIGER_11;
      SATZ_1.WORT = P -> SATZ.WORT;
       ZEIGER_21  = Q;
          ZEIGER  = P -> ZEIGER_2;
                Q = R;
         CALL COPY(ZEIGER,Q);
              END COPY;
```

Kapitel 3.2.1

```
3.5  UEB3_5: PROC OPTIONS (MAIN);
              DCL GEBIET AREA,HEAD OFFSET(GEBIET);
                  CALL AREA(GEBIET,HEAD);
                  CALL PUT  (GEBIET,HEAD);
                       END UEB3_5;
       AREA: PROC (GEBIET,HEAD);
             DCL GEBIET AREA(*),(P,HEAD) OFFSET (GEBIET),
                 1 SATZ BASED(ZEIGER_1),
                   2 WORT CHAR(10),
                   2 ZEIGER_2 OFFSET(GEBIET),
                 AWORT(5) CHAR(10) INIT('ADAM', 'EVA', 'LOTAR',
                 'BERTA', 'IDA');
                 ALLOCATE SATZ IN (GEBIET);
                     P,HEAD = ZEIGER_1;
                      WORT  = AWORT(1);
                       DO I = 2 TO 5;
             ALLOCATE SATZ IN (GEBIET);
                      WORT  = AWORT(I);
          P -> ZEIGER_2, P = ZEIGER_1;
                           END;
          P -> ZEIGER_2 = NULL;
                           END AREA;
       PUT: PROC (GEBIET,HEAD);
          DCL GEBIET AREA(*) , (P,HEAD) OFFSET (GEBIET),
              1 SATZ BASED(ZEIGER_1),
                2 WORT CHAR(10)
                2 ZEIGER_2 OFFSET(GEBIET),
              BWORT CHAR(10);
                    P = HEAD;
                 DO WHILE (P ¬= NULL);
                BWORT = P -> WORT;
                PUT EDIT (BWORT) (X(5),A);
```

```
                    P = P -> ZEIGER_2;
                      END;
                      END PUT;
```

Kapitel 3.2.2

```
3.6  UEB3_6:  PROC OPTIONS(MAIN):
              DCL 1 ESATZ BASED(Z_1),
                      2 KA CHAR(1),
                      2 DATEN CHAR(79),
                    1 SATZ BASED(Z_2),
                      2 DATEN CHAR(79),
                      2 VZEIGER POINTER,
                      2 RZEIGER POINTER,
                   (HEAD,TAIL,Z_3) POINTER,
                  ASATZ CHAR(79) BASED(Z_4),
                  KARTE FILE RECORD INPUT,
                  LISTE  FILE RECORD OUTPUT ENV(F(79));
              ON ENDFILE (KARTE) GOTO VERARB;
              OPEN FILE(KARTE) , FILE(LISTE);
              HEAD, TAIL = NULL;
     EINGAB:  READ FILE(KARTE) SET(Z_1);
                     IF KA = 'A' THEN GOTO EINGAB;
              ALLOCATE SATZ SET(Z_2);
              SATZ.DATEN = ESATZ.DATEN;
                  IF HEAD = NULL THEN HEAD = Z_2;
              /* FESTHALTEN ZEIGER 1. SATZ */
                      ELSE TAIL -> VZEIGER = Z_2;
              /* SPEICHERN VORWAERTSZEIGER */
                  RZEIGER = TAIL;
              /* SPEICHERN RUECKWAERTSZEIGER */
                     TAIL = Z_2;
                            GOTO EINGAB;
     VERARB:  TAIL -> VZEIGER = NULL;
              /* VORWAERTSLESEN */
                      Z_3 = HEAD;
              DO WHILE(Z_3 ¬= NULL);
              LOCATE ASATZ FILE(LISTE);
              Z_4 -> ASATZ = Z_3 -> SATZ.DATEN;
                         Z_3 = Z_3 -> SATZ.VZEIGER;
                            END;
```

```
/* RUECKWAERTSLESEN */
                Z_3 = TAIL;
DO WHILE(Z_3 ¬= NULL);
LOCATE ASATZ FILE(LISTE);
Z_4 -> ASATZ = Z_3 -> SATZ.DATEN;
            Z_3 = Z_3 -> SATZ.RZEIGER;
                 END;
CLOSE FILE (KARTE) , FILE (LISTE);
                 END UEB3_6;
```

Da die LOCATE-Anweisung eine basisbezogene Variable der Stufe Eins benötigt, kann die Variable ESATZ.DATEN nicht in dieser Anweisung verwendet werden, so daß man eine zusätzliche basisbezogene Variable ASATZ einführen muß.

3.7
```
UEB3_7: PROC OPTIONS(MAIN);
        DCL 1 SATZ BASED(ZEIGER_1),
              2 WORT CHAR(10),
              2 ZEIGER_2 POINTER,
            AWORT(5) CHAR(10) INIT('ADAM', 'EVA',
            'LOTAR', 'BERTA', 'IDA'),
            BWORT CHAR(10) BASED(ZEIGER_3),
            (HEAD,P) POINTER,
            LISTE FILE RECORD ENV(F(10));
            ALLOCATE SATZ;
                P,HEAD = ZEIGER_1;
                  WORT = AWORT(1);
                  DO I = 2 TO 5;
            ALLOCATE SATZ;
                  WORT = AWORT(I);
      P -> ZEIGER_2, P = ZEIGER_1;
                       END;
      P -> ZEIGER_2 = NULL;
  /* LESEN GESPEICHERTE LISTE */
           ZEIGER_3,P = HEAD;
                  DO WHILE (P ¬= NULL);
                  LOCATE BWORT FILE (LISTE);
   ZEIGER_3 -> BWORT = P -> WORT;
           ZEIGER_3,P = P -> ZEIGER_2;
                       END;
                       END UEB3_7;
```

3.8

```
PUT_LOCATE:  PROC (HEAD);
             DCL 1 SATZ BASED (ZEIGER_1),
                   2 WORT CHAR(10),
                   2 ZEIGER_2 POINTER,
                 (HEAD,P) POINTER,
                 BWORT CHAR(10) BASED (ZEIGER_3),
                 LISTE  FILE  RECORD ENV (F(10));
                    P = HEAD;
                 DO WHILE (P ¬= NULL);
                 LOCATE BWORT FILE(LISTE);
                 ZEIGER_3 -> BWORT = P -> WORT;
                                      P = P -> ZEIGER_2;
                                        END;
                                        END PUT_LOCATE;
```

Abschnitt 4

4.1 Die Hauptprozedur entspricht bis auf die PUT PAGE-Anweisung und die PUT DATA-Anweisung dem Programmbeispiel des Abschnitts 4.2.1 („BEISP11"). Ebenfalls ändert sich an den beiden Prozeduren „INIT" und „PUT" dieses Programms nichts. Die Modifikationen betreffen also nur die Prozedur „MAMU".

```
MAMU:    PROCEDURE(A,B,C);
         DCL (A(* , *), B(* , *) ,C(* , *)) FIXED(10);
               CALL MAMU_1(A,B,C) EVENT(Z_1);
               CALL MAMU_2(A,B,C) EVENT(Z_2);
               CALL MAMU_3(A,B,C) EVENT(Z_3);
               CALL MAMU_4(A,B,C) EVENT(Z_4);
                    WAIT(Z_1,Z_2,Z_3,Z_4);
                    END MAMU;
MAMU_1: PROCEDURE(A,B,C);
         DCL (A(* , *), B(* , *),C(* , *)) FIXED(10);
                         C (1,1) = 0;
                            DO K= 1 TO 3;
                         C (1,1) = A(1,K) * B(K,1) + C(1,1);
                   END;
                      PUT SKIP DATA(C(1,1));
                   END MAMU_1;
MAMU_2: PROCEDURE(A,B,C);
         DCL (A(* , *), ,B(* , *) ,C(* , *)) FIXED(10);
                         C (1,2) = 0;
```

```
                    DO K = 1 TO 3;
                 C (1,2) = A(1,K) * B(K,2) + C(1,2);
             END;
                 PUT SKIP DATA (C(1,2));
             END MAMU_2;
MAMU_3: PROCEDURE(A,B,C);
        DCL (A(* , *),B(* , * ),C(* , *)) FIXED(10);
                 C (2,1) = 0;
                    DO K = 1 TO 3;
                 C (2,1) = A(2,K) * B(K,1) + C(2,1);
             END;
                 PUT SKIP DATA(C(2,1));
             END MAMU_3;
MAMU_4: PROCEDURE(A,B,C);
        DCL (A(* , *),B(* , *),C(* , *)) FIXED(10);
                 C (2,2) = 0;
                    DO K = 1 TO 3;
                 C (2,2) = A(2,K) * B(K,2) + C(2,2);
             END;
                 PUT SKIP DATA(C(2,2));
             END MAMU_4;
```

4.2

```
UEB4_2: PROC OPTIONS (MAIN,TASK);
        A = 9.87654;
        CALL X_1 EVENT (V_1);
        CALL X_2 EVENT (V_2);
        CALL X_3 EVENT (V_3);
   X_1: PROC;
        B = A** 2;
        PUT SKIP DATA (B);
        END X_1;
   X_2: PROC;
        C = A + SQRT(A);
        PUT SKIP DATA (C);
        END X_2;
   X_3: PROC;
        D = A + A** 2 + A** 3;
        PUT SKIP DATA (D);
        END X_3;
        WAIT (V_1,V_2,V_3);
        END UEB4_2;
```

4.3 *Antwort:* überhaupt nicht; denn beide WAIT-Anweisungen sind äquivalent.

4.4 Die erste PUT-Anweisung gibt den Wert „I = –1" aus und die zweite „I = 0".

4.5 Die Hauptprozedur muß als „OPTIONS (MAIN,TASK)" vereinbart werden. Nach Abschluß des Speicherprozesses (Anweisung: „P –> SZ, P –> VZ = NULL;" ruft sie eine Subtask „SORT_N" auf, die eine gespeicherte Liste sortiert. Anschließend erfolgt der Subtaskaufruf einer Prozedur „ANZ", die die Anzahl der Listatome, die in einer Liste gespeichert sind, ermittelt. Im Gegensatz zur Übungsaufgabe 3.1 muß jetzt allerdings diese Prozedur als Unterprogramm notiert werden, damit sie als Subtask aufgerufen werden kann. Damit ergibt sich in der Hauptprozedur folgende, im Vergleich zum Programm UEB3_3 modifizierte relevante Anweisungssequenz:

```
UEB4_5:  PROC  OPTIONS(MAIN,TASK);
         _ _ _ _ _ _ _ _ _ _ _ _ _ _
         _ _ _ _ _ _ _ _ _ _ _ _ _ _
         CALL  SORT_N(KOPF,KOPF_1)  EVENT(ENDE_
                                      SORTIEREN);
         CALL  ANZ(A,KOPF)  EVENT(ENDE_ANZ);
               WAIT(ENDE_SORTIEREN,ENDE_ANZ);
```

Beide Prozeduren „SORT_N" und „ANZ" bestehen aus folgenden Vereinbarungen und Anweisungen:

```
SORT_N:  PROC  (KOPF,KOPF_1);
         DCL  1 SATZ  BASED(ZEIGER_1),
                2 WORT  CHAR(10),
                2 (VZ,SZ)  POINTER,
                  (KOPF_1,KOPF,HEAD(5) ,P,Q,Q_1) POINTER;
         KOPF_1  =  KOPF;
            DO I  =  1 TO  4;
           Q_1,P  =  KOPF_1;
               Q  =  P –> SZ;
            DO WHILE(Q ¬= NULL);
       IF  Q  –>  WORT > P  –>  WORT  THEN;
                                     ELSE P = Q_1 –> SZ;
        Q_1  =  Q;
          Q  =  Q  –>  SZ;
            END;
```

```
      HEAD(I) =  P;
         IF  P  =  KOPF_1  THEN  KOPF_1 = P -> SZ;
                              ELSE  DO;
              Q =  KOPF_1;
         DO WHILE(P ¬= Q -> SZ);
              Q =  Q -> SZ;
                 END;
     Q -> SZ =  P -> SZ;
                 END;
                 END;
      HEAD(5) =  KOPF_1;
          DO I =  1  TO  4;
              P =  HEAD(I);
      P -> SZ =  HEAD(I + 1);
                 END;
              P =  HEAD(5);
      P -> SZ =  NULL;
       KOPF_1 =  HEAD(1);
                 END SORT_N;
```

Dieses Unterprogramm kann natürlich auch in der nicht im Multitasking arbeitenden Listenverarbeitung als Sortierprogramm verwendet werden.

```
ANZ:   PROC (A,KOPF);
       DCL (P,KOPF) POINTER,
            A DEC  FIXED(5),
          1  SATZ  BASED(Z_1),
             2 WORT  CHAR(10),
             2 Z_2  POINTER;
               A =  0;
               P =  KOPF;
    DO WHILE(P ¬=  NULL);
               A =  A + 1;
               P =  P -> Z_2;
                  END;
                  END  ANZ;
```

Abschnitt 5

5.1

```
MAGNETBAND_DATEIVERARBEITUNG : PROC OPTIONS(MAIN);
                            /* DATEIVEREINBARUNGEN */
                            DCL  LEINGAB  FILE  RECORD  INPUT,
                                    MAUSGAB FILE  RECORD  OUTPUT,
```

```
                              MEINGAB FILE RECORD INPUT,
                              LISTE   FILE RECORD OUTPUT ENV
                              (F (88) CTLASA);

/****************************************************************/

/* VEREINBARUNG BEWEGUNGSSATZ */
DCL 1 LOCHKARTENSATZ,
        2 KONTONUMMER_BEWEGUNG   CHAR(6),
        2 BELEGNUMMER_BEWEGUNG   CHAR(4),
        2 DATUM_BEWEGUNG         CHAR(6),
        2 BETRAG_BEWEGUNG PIC 'S9999V99 ',
        2 LEERSTELLEN            CHAR(56),
        2 KARTENART              CHAR(1);
/* VEREINBARUNG STAMMSATZ */
DCL 1 STAMMSATZ,
        2 SATZART_STAMMSATZ      CHAR(1),
        2 KONTONUMMER_STAMMSATZ CHAR(6),
        2 DATUM_STAMMSATZ        CHAR(6),
        2 SALDO_STAMMSATZ DEC FIXED (9,2);
/* VEREINBARUNG PUFFERSPEICHER STAMMSATZ */
DCL 1 PUFFER_STAMMSATZ LIKE STAMMSATZ;
/* VEREINBARUNG UEBERSCHRIFTSZEILE */
DCL 1 UEBERSCHRIFT,
        2 VORSCHUBSTEUERUNG CHAR(1) INIT ('1'),
        2 KONTONUMMER   CHAR(15) INIT ('KONTO-NR.'),
        2 ALTER_SALDO   CHAR(15) INIT ('ALTER SALDO'),
        2 BELEG_NUMMER  CHAR(15) INIT ('BELEG-NR.'),
        2 DATUM         CHAR(10) INIT ('DATUM'),
        2 SOLL          CHAR(10) INIT ('SOLL'),
        2 HABEN         CHAR(10) INIT ('HABEN'),
        2 NEUER_SALDO   CHAR(12) INIT ('NEUER SALDO');
/* VEREINBARUNG DRUCKLISTE */
DCL 1 ZEILE,
        2 VORSCHUBSTEUERUNG      CHAR(1),
        2 LEERZEICHEN_1          CHAR(3),
        2 KONTONUMMER            CHAR(6),
        2 LEERZEICHEN_2          CHAR(5),
        2 ANZEIGE_SOLL_HABEN     CHAR(1),
        2 ALTER_SALDO PIC'(6)Z9V.99',
        2 LEERZEICHEN_3          CHAR(9),
        2 BELEG_NUMMER           CHAR(4),
        2 LEERZEICHEN_4          CHAR(6),
```

```
        2 DATUM                        CHAR(6),
        2 LEERZEICHEN_5                CHAR(3),
        2 SOLL             PIC 'ZZZ9V.99',
        2 LEERZEICHEN_6                CHAR(3),
        2 HABEN            PIC 'ZZZ9V.99',
        2 LEERZEICHEN_7                CHAR(2),
        2 ANZEIGE_SOLL_HABEN_NEU CHAR(1),
        2 NEUER_SALDO PIC '(6)Z9V.99',
        2 REST                         CHAR(4);
/* BLANKS NACH ZEILE */
DCL ZEILE_1 CHAR(88) DEFINED ZEILE;
/* VEREINBARUNG SCHALTER FUER GRUPPENWECHSEL */
DCL SCHALTER BIT(1) INIT('0'B),
    ENDFILE_BEDINGUNG_MAGNETBAND_EINGABE BIT(1)
                                        INIT('0'B),
    ENDFILE_BEDINGUNG_LOCHKARTEN_EINGABE BIT(1)
                                        INIT('0'B);

/*************************************/

INITIALISIERUNG:  OPEN  FILE (LEINGAB),
                        FILE (MEINGAB),
                        FILE (MAUSGAB),
                        FILE (LISTE);
                  WRITE FILE (LISTE) FROM (UEBERSCHRIFT);
                              ZEILE_1 = '0';
              /* DRUCKEN 1 LEERZEILE */
                  WRITE FILE (LISTE) FROM (ZEILE);
              /* SETZEN DER ENDFILE BEDINGUNG */
                ON ENDFILE (LEINGAB) ENDFILE_BEDINGUNG_
                LOCHKARTEN_EINGABE = '1'B;
                ON ENDFILE (MEINGAB) ENDFILE_BEDINGUNG_
                MAGNETBAND_EINGABE = '1'B;
                READ FILE (LEINGAB) INTO (LOCHKARTENSATZ);
                READ FILE (MEINGAB) INTO (STAMMSATZ);

/*************************************/

HAUPTPROGRAMM: DO WHILE(ENDFILE_BEDINGUNG_
                      LOCHKARTEN_EINGABE = '0'B);
  IF  KONTONUMMER_BEWEGUNG = KONTONUMMER_STAMMSATZ
                      THEN CALL BEWEGTE_STAMMSAETZE;
```

```
IF   KONTONUMMER_BEWEGUNG > KONTONUMMER_STAMMSATZ
     THEN CALL NICHTBEWEGTE_STAMMSAETZE_UND_GRUPPENWECHSE
IF   KONTONUMMER_BEWEGUNG < KONTONUMMER_STAMMSATZ
     THEN CALL BEWEGUNGEN_OHNE_STAMMSAETZE;
                        END HAUPTPROGRAMM;
                    WRITE FILE (MAUSGAB) FROM (STAMMSATZ);
                    WRITE FILE (LISTE)      FROM (ZEILE);

/*******************************************/

BEWEGTE_STAMMSAETZE:  PROC;
                         CALL DRUCKAUFBEREITUNG_LINKS;
                      DO WHILE(KONTONUMMER_BEWEGUNG =
                      KONTONUMMER_STAMMSATZ & ENDFILE_
                      BEDINGUNG_LOCHKARTEN_EINGABE = '0'B);
                      SATZART_STAMMSATZ  =  KARTENART;
                        DATUM_STAMMSATZ  =  DATUM_BEWEGUNG;
                        SALDO_STAMMSATZ  =  SALDO_STAMMSATZ +
                                            BETRAG_BEWEGUNG;
                   CALL DRUCKAUFBEREITUNG_RECHTS_UND_
                        DRUCKEN;
                               SCHALTER  =  '1'B;
                   READ FILE  (LEINGAB)  INTO  (LOCHKARTENSATZ);
                           END BEWEGUNGSSCHLEIFE;
                           END BEWEGTE_STAMMSAETZE;

/*******************************************/

NICHTBEWEGTE_STAMMSAETZE_UND_GRUPPENWECHSEL:  PROC;
                     DO  WHILE(KONTONUMMER_BEWEGUNG >
                             KONTONUMMER_STAMMSATZ);
                        IF  SALDO_STAMMSATZ > 0
                      THEN ANZEIGE_SOLL_HABEN_NEU  =  'H';
                      ELSE ANZEIGE_SOLL_HABEN_NEU  =  'S';
                        ZEILE.NEUER_SALDO = SALDO_STAMMSATZ;
                        IF  SCHALTER THEN DO;
                                      SCHALTER = '0'B;
                                      END;
                                  ELSE  DO;
                           CALL DRUCKAUFBEREITUNG_LINKS;
                             ZEILE.DATUM = DATUM_STAMMSATZ;
                                      END;
```

```
                    WRITE FILE (LISTE) FROM (ZEILE);
/* DRUCKEN SALDO UND NICHTBEWEGTE STAMMSAETZE */
                    WRITE FILE (MAUSGAB) FROM (STAMMSATZ);
                    READ FILE (MEINGAB) INTO (STAMMSATZ);
                    END NICHTBEWEGTE_STAMMSAETZE_UND_
                    GRUPPENWECHSEL;

/*****************************************/

BEWEGUNGEN_OHNE_STAMMSAETZE:  PROC;
                                   ZEILE_1 = '0';
      PUFFER_STAMMSATZ.SATZART_STAMMSATZ =KARTENART;
      ZEILE.KONTONUMMER,PUFFER_STAMMSATZ.
      KONTONUMMER_STAMMSATZ = KONTONUMMER_BEWEGUNG;
        PUFFER_STAMMSATZ.SALDO STAMMSATZ = 0;
                         ZEILE.ALTER_SALDO = 0;
      DO WHILE (KONTONUMMER_BEWEGUNG = PUFFER_
   STAMMSATZ.KONTONUMMER_STAMMSATZ);
   PUFFER_STAMMSATZ.DATUM_STAMMSATZ = DATUM_BEWEGUNG;
   PUFFER_STAMMSATZ.SALDO_STAMMSATZ = PUFFER_STAMMSATZ.
   SALDO_STAMMSATZ + BETRAG_BEWEGUNG;
        CALL DRUCKAUFBEREITUNG_RECHTS_UND_DRUCKEN;
        READ FILE (LEINGAB) INTO (LOCHKARTENSATZ);
                    END SCHLEIFE;
          ZEILE.NEUER_SALDO = PUFFER_STAMMSATZ.
                              SALDO_STAMMSATZ;
      IF PUFFER_STAMMSATZ.SALDO_STAMMSATZ > 0
         THEN ANZEIGE_SOLL_HABEN_NEU = 'H';
         ELSE ANZEIGE_SOLL_HABEN_NEU = 'S';
         WRITE FILE (LISTE) FROM (ZEILE);
                    ZEILE_1 = ' ';
         WRITE FILE (MAUSGAB) FROM (PUFFER_
                                    STAMMSATZ);
                    END BEWEGUNGEN_OHNE_STAMMSÄTZE

/*****************************************/

DRUCKAUFBEREITUNG_LINKS:  PROC;
                                ZEILE_1 = '0';
   ZEILE.KONTONUMMER = KONTONUMMER_STAMMSATZ;
   ZEILE.ALTER_SALDO = SALDO_STAMMSATZ;
                 IF SALDO_STAMMSATZ > 0
```

```
                         THEN ANZEIGE_SOLL_HABEN = 'H';
                         ELSE ANZEIGE_SOLL_HABEN = 'S';
                    END DRUCKAUFBEREITUNG_LINKS;

/* * * * * * * * * * * * * * * * * * * * * * * * * * * * * * * * * * * * * * * * */

DRUCKAUFBEREITUNG_RECHTS_UND_DRUCKEN: PROC;
                  /* DRUCKEN BEWEGUNGSKARTEN */
    ZEILE.BELEG_NUMMER = BELEGNUMMER_BEWEGUNG;
    ZEILE.DATUM = DATUM_BEWEGUNG;
          IF BETRAG_BEWEGUNG > 0
             THEN ZEILE.HABEN = BETRAG_BEWEGUNG;
             ELSE ZEILE.SOLL  = BETRAG_BEWEGUNG;
               WRITE FILE (LISTE) FROM (ZEILE);
                          ZEILE_1 = ' ';
    END DRUCKAUFBEREITUNG_RECHTS_UND_DRUCKEN;

/* * * * * * * * * * * * * * * * * * * * * * * * * * * * * * * * * * * * * * * * */

               END MAGNETBAND_DATEIVERARBEITUNG;
```

Das Programm endet wie in der Einführung [24, S. 193] damit, daß eine Lochkarte mit der Kontonummer 99999 gelesen wird, zu der auf dem Stammband ebenfalls ein Stammsatz mit derselben Kontonummer und dem Saldo Null gehört. Das Druckbild unterscheidet sich von der dort angegebenen Form dadurch, daß der neue Saldo in einer neuen Druckzeile erstellt wird. Diese Form ist programmtechnisch einfacher zu bewältigen und liefert auch ein übersichtlicheres Druckbild.

Literaturverzeichnis

[1] Anderson, J.P.: Program Structures for Parallel Processing. In: Communications of the ACM 8 (1965).

[2] Berndt, H.: A microprogram notation resembling statements of higher-level languages. In: Elektronische Rechenanlagen 14 (1972).

[3] Berndt, H., u. H. Spreen: Ein PL/1-Dialekt zur Beschreibung funktioneller Eigenschaften von Datenverarbeitungssystemen. In: elektronische datenverarbeitung 12 (1970).

[4] Böhm, C., u. G. Jacopini: Flow Diagrams, Turing machines and languages with only two formation rules. In: Communications of the ACM 9 (1966).

[5] Brinch Hansen, P.: Structured Multiprogramming. In: Communications of the ACM 15 (1972).

[6] Dijkstra, E.W.: The Structure of "THE"-Multiprogramming System. In: Communications of the ACM 11 (1968).

[7] Dijkstra, E.W.: Cooperating sequential processes. In: F. Genys (Ed.): Programming Languages. New York 1968.

[8] Dijkstra, E.W.: Go To Statement Considered Harmful. In: Communications of the ACM (Letters to the Editor) 11 (1968).

[9] DNA (Deutscher Normenausschuß): DIN 44300, Informationsverarbeitung, Begriffe. Berlin 1972.

[10] – : DIN 66001, Informationsverarbeitung, Sinnbilder für Datenfluß- und Programmablaufpläne. Berlin 1969.

[11] Dworatschek, S.: Einführung in die Datenverarbeitung. 5. Aufl. Berlin, New York 1973.

[12] ECMA (European Computer Manufacturers Association) and ANSI (American National Standard Institute): PL/I, ECMA/TC 10/ANSI. X3J1, BASIS/1, Basis/ 1–12, 1974.

[13] Floyd, C.: Strukturierte Programmierung. Softlab-Seminar „Moderne Software-Technologie für EDV-Führungskräfte", Tagungsband. München 1974.

[14] IBM System-Literatur. IBM Betriebssystem/360. Anleitung für die PL/I-Programmierung. IBM Form 79915-2, Sachcode 29. Vorabdruck 1969.

[15] – : PL/I-Handbuch (Teil I). IBM Form G 79998-1, Sachcode 29. Vorabdruck 1970.

[16] – : PL/I-Handbuch (Teil II). IBM Form 79981-1, Sachcode 29. Vorabdruck 1970.

[17] IBM Form-Nummer GY 33-6003-2. PL/I Language Specifications. 1970.

[18] ISO (International Organization for Standardization). DRAFT INTERNATIONAL STANDARD ISO/DIS 2382/VII, ISO/TC 97. Data processing-Vocabulary-Section 07: Digital computer programming. 1974.

[19] Knuth, D.E.: The Art of Computer Programming. Vol. 1. 2. Aufl. Amsterdam, London, Manila, Singapore, Sydney, Tokyo 1973.

[20] Maurer, B.H.: Datenstrukturen und Programmierverfahren. Stuttgart 1974.

[21] Mills, H.D.: Mathematical Foundations for Structured Programming. IBM Federal Systems Division, FSC 72-6012. Gaithersburg 1972.

[22] Rechenberg, P.: Methoden der Syntaxanalyse (Studienhilfe der Studentenschaft). Institut für Informationsverarbeitung I. TU Berlin 1972.

[23] Schulz, A.: Informatik für Anwender. Berlin, New York 1973.

[24] Schulz, A.: Einführung in das Programmieren in PL/1. Berlin, New York 1975.

[25] Seegmüller, G: Einführung in die Systemprogrammierung. Mannheim, Wien, Zürich 1974.

[26] Speiser, A.P.: Digitale Rechenanlagen. Grundlagen/Schaltungstechnik/Arbeitsweise/Betriebssicherheit. 2., neubearb. Aufl. Berlin, Heidelberg, New York 1965.

[27] Wegner, P.: The Vienna Definition Language. In: ACM, Computing Surveys 4, No. 1 (1972).

[28] Wirth, W.: Systematisches Programmieren. Stuttgart 1972.

Sach- und Personenregister

FSC
www.fsc.org
MIX
Papier | Fördert gute Waldnutzung
FSC® C083411

Zeitfracht Medien GmbH
Ferdinand-Jühlke-Straße 7
99095 Erfurt, Deutschland
produktsicherheit@kolibri360.de